电子技能实训教材

电子产品制作与调试

廖铁涵　主　编
陈永强　商怀超　副主编

化学工业出版社
·北京·

本教材以工作过程为导向，以电子产品制作与调试工作任务为载体，共设计十二个学习情境与五个附录，内容包括声光音乐门铃、电子门铃、循环音乐流水彩灯、助听器、语音放大器、智能机器猫、直流稳压电源、红外通信收发系统等的制作与调试。

教材中涉及的电子产品实用性强、通俗易学、便于操作，且制作成本低，适合作为本科、高职高专院校电子技能实训课程的教材，也是电路、电子技术、电子产品分析与制作、电子产品组装与调试等课程配套的实验、实训教材，也可供电子产品制作爱好者参考。

图书在版编目（CIP）数据

电子产品制作与调试/廖轶涵主编. —北京：化学工业出版社，2012.8（2023.8 重印）
ISBN 978-7-122-14605-2

Ⅰ. ①电… Ⅱ. ①廖… Ⅲ. ①电子产品-生产工艺-教材 Ⅳ. ①TN05

中国版本图书馆 CIP 数据核字（2012）第 131981 号

责任编辑：刘 哲　　装帧设计：关 飞
责任校对：宋 玮

出版发行：化学工业出版社（北京市东城区青年湖南街 13 号 邮政编码 100011）
印　　装：北京虎彩文化传播有限公司
787mm×1092mm 1/16 印张 9¾ 字数 242 千字 2023 年 8 月北京第 1 版第 7 次印刷

购书咨询：010-64518888　　售后服务：010-64518899
网　　址：http://www.cip.com.cn
凡购买本书，如有缺损质量问题，本社销售中心负责调换。

定　　价：24.00 元

前　言

《教育部关于全面提高高等职业教育教学质量的若干意见》（教高［2006］16号文件）指出：应以科学发展观为指导，以服务为宗旨，以就业为导向，突出实践能力培养，增强学生的职业能力。

本教材从这种指导思想出发，以工作过程为导向，以电子产品制作与调试的工作任务为载体，共设计十二个学习情境。它具有以下特点。

第一，所涉及的电子产品实用性强、通俗易学、便于操作，且制作成本低。通过做中学、学中做，让学生有章可循，知道每一步要做什么，该怎样做，如何才能做好，从而一步一步地走向成功。

第二，内容体现职业特色，注重应用性。既激发学生的职业兴趣，引导其形成良好职业意识，又使学生在安全文明生产管理、常用元器件识别与检测、印制电路板图设计、元器件焊接与装配、产品故障判断与排除、常用仪表与仪器操作、仿真软件使用等电子基本专业知识与技能方面获得直观的学习效果，同时在团队合作、观察与逻辑推理能力等综合素质方面得到培养。

第三，技能训练符合循序渐进的认知规律。本教材分为基础篇、提高篇与拓展篇。基础篇侧重于训练学生作为操作者的基本技能，提高篇侧重于培养学生成为技术员的各项素质，拓展篇则倾向培养学生成为基层技术管理者的综合能力。通过三个阶段的学习与训练，逐步提高电子产品制作、调试与设计过程中的各项能力，与高素质技能应用型人才培养目标和专业相关技能领域的岗位要求吻合。

第四，知识具有时效性、前沿性。本教材不仅体现本学科的基本理论与技能，更反映生产企业前沿的新知识与新成果。如SMT介绍，使学生未出校门就能了解到其生产流程，扩大知识面，且节约教学成本；EWB仿真，为实际电子产品的测量、调试、故障处理等引导正确方向，且弥补了实际产品破坏性故障不方便设置的缺点。

第五，内容紧密结合医疗器械产品，贴近行业发展动向，如助听器制作与调试、药品仓库控制电路设计与调试、医用X射线治疗卫生防护标准等。

本教材可作为本科、高职高专院校电子技能实训的教材，也是电路、电子技术、电子产品分析与制作电子产品组装与调试等课程配套的实验、实训教材，或供电子产品制作爱好者作参考资料。

本教材由上海健康医学院廖轶涵任主编，陈永强和商怀超任副主编，参加编写的还有廖康强、沈丽蓉、叶洪宝、陈锡辉提供了部分资料，吕榕锋、葛根、郑伟峰参与了校对工作，在此表示感谢。本书在编写过程中参考了许多书籍与资料，在此真诚地向原作者表示感谢。

由于水平有限，教材中不妥之处，恳请读者给予批评与指正，不胜感谢。

编　者

目　录

基　础　篇

提　高　篇

拓　展　篇

基础篇

学习情境一　5S管理

【实训目标】

1. 掌握5S管理的基本内容。

2. 掌握5S管理与ISO 9000、TPM（Total Productive Maintenance）、TQM（Total Quality Management）等其他管理活动的关系。

3. 训练网络资料获取能力，学习5S管理运作实例。

4. 结合5S管理定义掌握其实施必要性与实施要领，并在今后的学习与工作中训练5S管理执行能力。

5S管理又称5S-五常法，它是在ISO 9000及全面质量管理TQM以外，另一引导企业迈向优质的途径。5S是指下列5个词：

日语	英语	意义	举例
Seiri	Structuralize	常组织	把垃圾扔掉
Seiton	Systematize	常整顿	30s内就可找到要找的文件
Seiso	Sanitize	常清洁	个人清洁卫生责任
Seiketsu	Standardize	常规范	储藏的透明度
Shitsuke	Self-discipline	常自律	每天运用五常法

5S管理起源于日本，通过规范现场，营造一目了然的工作环境，培养员工良好的工作习惯，其最终目的是提升人的品质，养成良好的工作习惯，也即：

① 革除马虎之心，凡事认真，严谨地对待工作中的每一件小事；

② 遵守规定；

③ 自觉维护工作环境，使其整洁明了；

④ 文明礼貌。

因此，现在5S管理已经成了一种工作方式，无论企业和服务行业均通过运用它获得了成功。资料显示，日本在二三十年的时间里，跻身世界经济强国，靠的就是这种工作步调紧凑、工作态度严谨的作风，并称这是最重要的基础工程。而西方各国近年来意识到5S管理的重要性，也起而效法推广。

一、5S管理与其他管理活动的关系

① 5S是现场管理的基础，是全面生产管理TPM的前提，是全面质量管理TQM的第一步，也是ISO 9000有效推行的保证。

② 5S管理能够营造一种“人人积极参与，事事遵守标准”的良好氛围。有了这种氛围，推行ISO、TQM及TPM就更容易获得员工的支持和配合，有利于调动员工的积极性，形成强大的推动力。

③ 实施ISO、TQM、TPM等活动的效果是隐蔽的、长期性的，一时难以看到显著的效果，而5S管理活动的效果是立竿见影的。如果在推行ISO、TQM、TPM等活动的过程中导入5S管理，可以通过在短期内获得显著效果来增强企业员工的信心。

④ 5S管理是现场管理的基础，5S管理水平的高低，代表着管理者对现场管理认识的高低，这又决定了现场管理水平的高低；而现场管理水平的高低，制约着ISO、TPM、TQM活动能否顺利、有效地推行。通过5S管理活动，从现场管理着手改进企业“体质”，能起到事半功倍的效果。

二、5S管理的定义、目的、实施要领

（一）1S——常组织

1. 定义

① 将工作场所任何东西区分为“必要的”与“不必要的”。

② 把必要的东西与不必要的东西明确、严格地区分开来。

③ 不必要的东西应尽快处理掉。

应有正确的价值意识——使用价值，而不是原购买价值。

2. 目的

① 腾出空间，空间活用。

② 防止误用、误送。

③ 创造清爽的工作场所。

生产过程中经常有一些残余物料、待修品、返修品、报废品等滞留在现场，既占据地方又阻碍生产，包括一些已无法使用的工具、机器设备，如果不及时清除，会使现场变得凌乱。生产现场摆放不要的物品是一种浪费，因为：

① 即使宽敞的工作场所，也将变得窄小；

② 棚架、橱柜等被杂物占据而减少使用价值；

③ 增加寻找工具、零件等物品的困难，浪费时间；

④ 物品杂乱无章地摆放，增加盘点困难，成本核算失准。

因此，要有决心，不必要的物品应断然地加以处置。

3. 实施要领

① 在自己的工作场所（范围）进行全面检查，包括看得到和看不到的。

② 制订“要”和“不要”的判别基准。

③ 将不要物品清除出工作场所。

④ 对需要的物品调查使用频度，决定日常用量及放置位置。

⑤ 制订废弃物处理方法。

⑥ 每日自我检查。

（二）2S——常整顿

1. 定义

① 对整理之后留在现场的必要物品分门别类放置，排列整齐。

② 明确数量，有效标识。

2. 目的

① 工作场所一目了然。

② 整整齐齐的工作环境。

③ 减少寻找物品的时间。

④ 消除过多的积压物品。

因为这是提高效率的基础。

3. 实施要领

① 前一步骤整理的工作要落实。

② 需要物品明确放置场所。

③ 摆放整齐，有条不紊。

④ 地板划线定位。

⑤ 场所、物品标示。

⑥ 制订废弃物处理办法。

换一句话说，就是应掌握整顿的“三要素”：场所、方法、标识。

放置场所——物品放置场所原则上要100%设定。即物品的保管要定点、定容、定量；生产线附近只能放置真正需要的物品。

放置方法——易取。即不超出所规定范围；在放置方法上多下工夫。

标识方法——放置场所和物品原则上一对一标示。即物品标示和放置场所标示一一对应；某些标示方法全公司要统一；在标示方法上多下工夫。

整顿的“三定”原则：定点、定容、定量。

定点——放在哪里合适。

定容——用什么容器、什么颜色。

定量——规定合适的数量。

4. 重点

① 整顿结果是任何人都能立即取出所需东西的状态。

② 要站在新人和其他职场人的立场来看，什么东西该放在什么地方更明确。

③ 要想办法使物品能立即取出使用。

④ 使用后要能容易恢复到原位，没有恢复或误放时能马上知道。

（三）3S——常清洁

1. 定义

① 将工作场所清扫干净。

② 保持工作场所干净、靓丽。

2. 目的

① 消除脏污，保持职场内干净、明亮。

② 稳定品质。

③ 减少工业伤害。

也就是说，应做到责任化、制度化。

3. 实施要领

① 室内、外均建立清扫责任区。

② 执行例行扫除，清理脏污。

③ 调查污染源，予以杜绝或隔离。

④ 建立清扫基准，作为规范。

⑤ 开始一次全公司的大清扫，每个地方清洗干净。

“常清洁/清扫”就是使职场进入没有垃圾、没有脏污的状态。虽然已经整理、整顿过，要的东西马上就能取到，但是被取出的东西要达到能被正常使用的状态才行。而要达到这种状态，就应以清扫为第一目的，尤其目前强调高品质、高附加值产品的制造，更不允许有垃圾或灰尘的污染，以免造成品质不良。

（四）4S——常规范

1. 定义

将上面的3S实施做法制度化、规范化。

2. 目的

维持上面3S的成果。注意做到制度化，并定期检查。

3. 实施要领

① 落实前3S工作。

② 制订目视管理的基准。

③ 制订5S实施办法。

④ 制订考评、考核方法。

⑤ 制订奖惩制度，加强执行。

⑥ 高级主管经常带头巡查，带动全员重视5S活动。

5S活动一旦开始，不可在中途变得含糊不清。如果不能贯彻到底，又会形成另外一个污点，而这个污点会造成企业或公司内保守而僵化的气氛，最终形成做什么事都是半途而废、反正不会成功、应付应付算了的印象。要打破这种保守、僵化的现象，唯有花费更长时间来改正。

（五）5S——常自律

1. 定义

通过晨会等手段，提高员工文明礼貌水准，增强团队意识，养成按规定行事的良好工作习惯。

2. 目的

提升人的品质，使员工对任何工作都讲究认真。注意应长期坚持，才能养成良好的习惯。

3. 实施要领

① 制订服装、臂章、工作帽等识别标准。

② 制订公司有关规则、规定。

③ 制订礼仪守则。

④ 教育训练，如新进人员强化5S教育与实践。

⑤ 推动各种精神提升活动，如晨会、例行打招呼、礼貌活动等。

⑥ 推动各种激励活动，遵守规章制度。

三、5S管理的效用

5S管理的五大效用也可归纳为5个S，即Sales，Saving，Safety，Standardization，Satisfaction。

（一）5S管理是最佳推销员（Sales）

被顾客称赞为干净整洁的工厂使客户有信心，乐于下订单；会有很多人来厂参观学习；会使大家希望到这样的工厂工作。

（二）5S 管理能培养节约行为（Saving）

降低不必要的材料、工具的浪费；减少寻找工具、材料等的时间；提高工作效率。

（三）5S 管理对安全有保障（Safety）

宽广明亮、视野开阔的职场，遵守堆积限制，危险处一目了然；走道明确，不会造成杂乱情形而影响工作的顺畅。

（四）5S 管理是标准化的推动者（Standardization）

“三定”、“三要素”原则规范作业现场，大家都按照规定执行任务，程序稳定，品质稳定。

（五）5S 管理形成令人满意的职场（Satisfaction）

创造明亮、清洁的工作场所，使员工有成就感，能造就现场全体人员进行改善的气氛。

思考题

5S 管理学习体会，从以下三个方面总结。

① 5S 管理的基本内容。

② 5S 管理的实施必要性。

③ 结合身边实例、社会兼职经历或实训过程等具体说明如何遵循 5S 管理规范。

学习情境二　焊接技术

【实训目标】

1. 掌握安全用电技能。

2. 掌握电烙铁的分类、特点、用途、结构、质量检测方法、操作姿势与使用注意事项。

3. 掌握尖嘴钳、斜嘴钳、剥线钳、镊子、吸锡器、螺丝刀的用途、操作姿势及使用注意事项。

4. 熟悉印制电路板与万能板的用途，掌握焊盘、焊孔、焊料、焊剂的功能，并结合焊接工具掌握手工焊接技能。

5. 了解现代焊接工艺波峰焊与SMT的工艺流程。

一、焊接常用工具简介

（一）电烙铁

1. 分类

电烙铁按构造及性能分为内热式电烙铁、外热式电烙铁、吸锡烙铁、恒温烙铁等，如图 2-1 所示；按瓦数分为 20W、35W、45W、75W、100W 等多种。

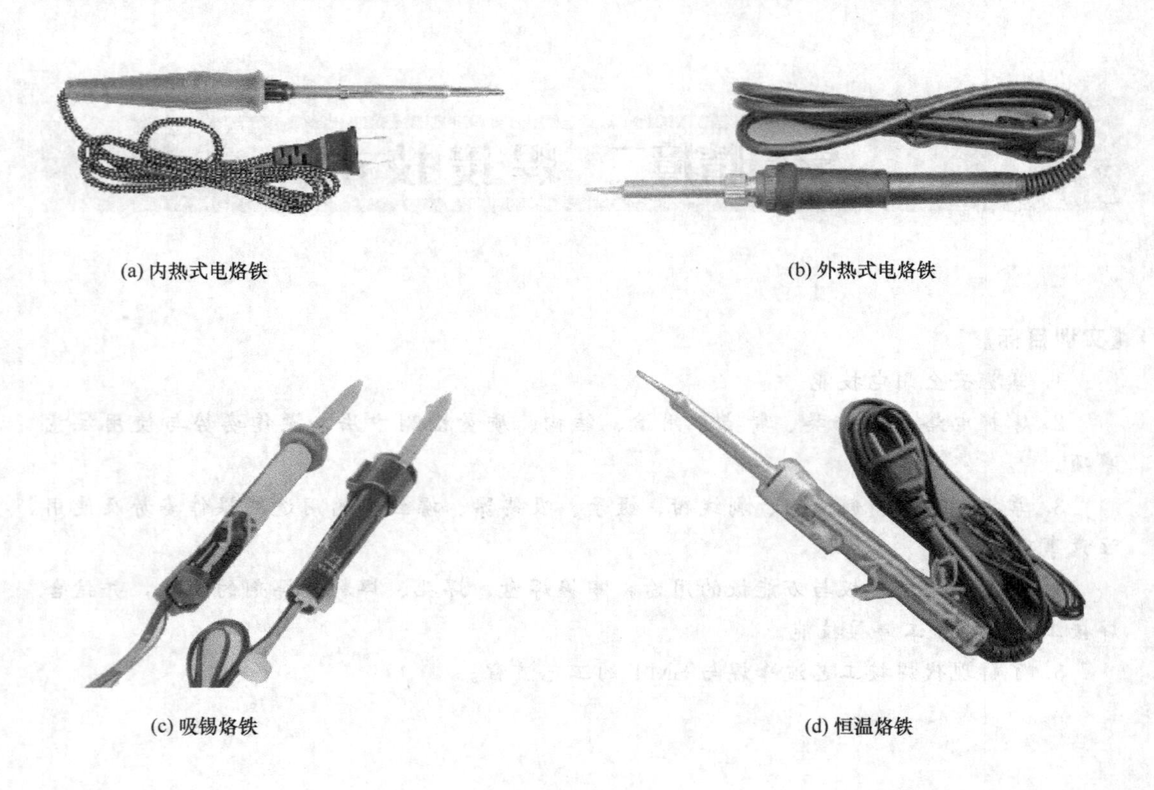

(a) 内热式电烙铁　(b) 外热式电烙铁

(c) 吸锡烙铁　(d) 恒温烙铁

图 2-1　电烙铁外形图

下面主要讲述 20W 的内热式电烙铁，它是手工焊接中常用的焊接工具。

2. 特点

在焊接电子产品时，主要使用 20W 或 35W 的内热式电烙铁。它具有发热快、体积小、重量轻、耗电低等特点，适用于电阻器、晶体管等小型电子元器件和印制板的焊接。20W 的内热式电烙铁的实用功率相当于 25～40W 的外热式电烙铁，烙铁头温度达 350 ℃左右。

3. 结构及检测方法

内热式电烙铁由烙铁头、连接杆、手柄、烙铁芯四部分组成，其关键部件烙铁芯置于烙铁头内部，通电后产生的热量能迅速从内部传递到烙铁头，故称内热式电烙铁。

烙铁芯相当于一个热电阻，故检测电烙铁好坏的方法有两种。

① 将指针式万用表合适欧姆挡调零后，红、黑表笔接触电烙铁电源插头的两个电极片，测得其冷态电阻为几千欧姆则属正常。也可用数字万用表的合适电阻挡测量，如 20W 内热式电烙铁的冷态电阻为 2.42kΩ 左右。若电阻为零，则说明烙铁芯短路或电源线扭绞在一起，此时绝对不允许通电；若电阻为∞，则说明烙铁芯断路、电源线未接触好或断线等。

② 若无万用表，则将电烙铁接通 220V 电源片刻后，用鼻子去嗅电烙铁头是否开始有热气，或用手在电烙铁头附近感觉，若温度逐渐升高，则证明电烙铁能使用。

4. 握法

在电子产品的焊接中，电烙铁握法主要有三种。

① 握笔法，也称立握法，如图 2-2（a）所示，这种姿势最常用。

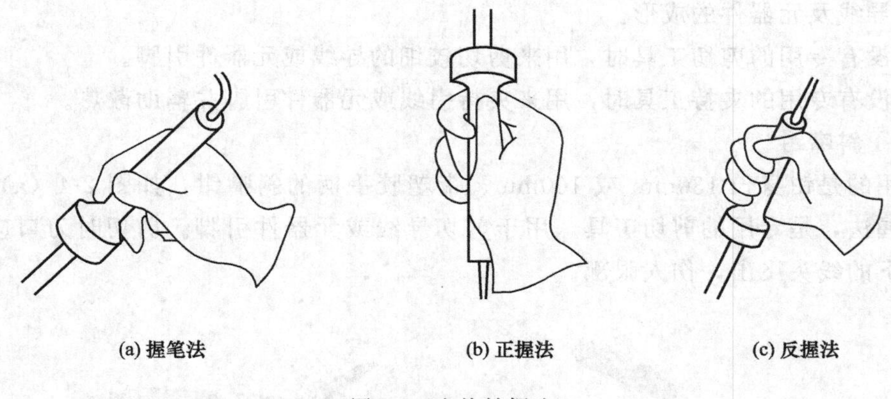

(a) 握笔法　(b) 正握法　(c) 反握法

图 2-2　电烙铁握法

② 正握法，也称平握法，如图 2-2（b）所示，主要适用于烙铁头呈弯曲状的电烙铁。

③ 反握法，如图 2-2（c）所示，主要适用于功率较大，即较重的电烙铁。

5. 使用注意事项

① 电烙铁使用的电压必须与其额定电源电压相同。

② 初次使用时，要先将烙铁头涂上一层锡，可防止今后长期不用时不被氧化。

③ 不要任意敲击烙铁头或用钳子夹击连接杆，以防电烙铁变形。

④ 不要随意将电源线与手柄扭转，以免内部电源接头部位扭在一起，造成短路现象。

⑤ 烙铁头要经常保持清洁，使用一段时间或长期停止不用，表面会被氧化变黑，此时应用镊子轻轻地刮掉污物，重新上锡后再使用。

⑥ 工作中暂时不用时，应将电烙铁放在烙铁架上，以免烫坏其他物品。

（二）尖嘴钳

常用的是钳身长 130mm 或 160mm、带塑胶绝缘柄、有刀口的普通尖嘴钳。握法有平握法、立握法两种，如图 2-3 所示，它主要用于以下情况。

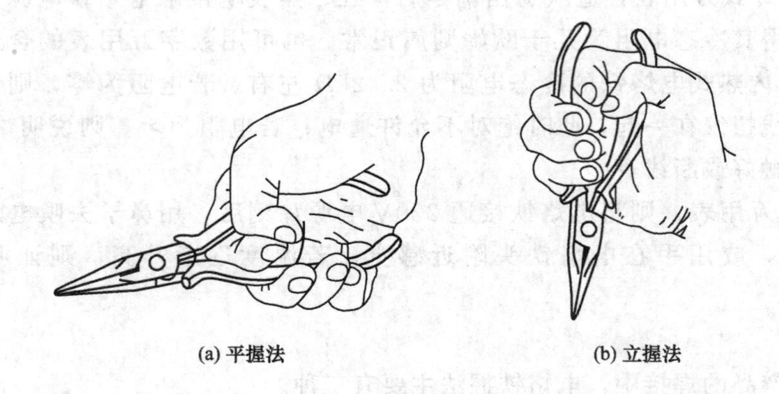

(a) 平握法　　(b) 立握法

图 2-3　尖嘴钳握法

① 导线及元器件的成形。

② 没有专用的剪切工具时，用来剪切较细的导线或元器件引脚。

③ 没有专用的夹持工具时，用来夹持引线或元器件引脚并辅助散热。

（三）斜嘴钳

常用的是钳身长 130mm 或 160mm、带塑胶手柄的斜嘴钳，如图 2-4（a）所示。采用平握法，是专用的剪切工具，用于剪切导线或元器件引脚。剪切时刀口应朝下，防止剪下的线头飞出，伤人眼部。

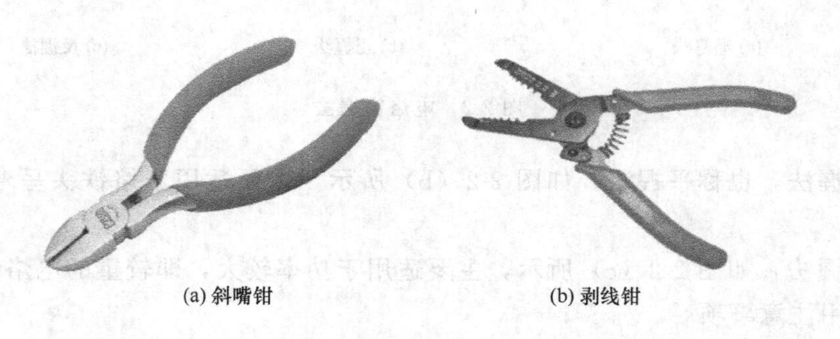

(a) 斜嘴钳　　(b) 剥线钳

图 2-4　钳子

（四）剥线钳

常用的是钳身长 140mm 或 180mm、带塑胶手柄的剥线钳，如图 2-4（b）所示，主要用于剥脱导线端部的绝缘层。其钳口有多个不同直径的位置，适合不同粗细的导线。操作时，一手将待剥导线放入选定的合适直径钳口内，另一手握着钳柄用力合拢，当导线绝缘皮被切断时，两手相向运动即可拉出导线的绝缘皮。

（五）镊子

镊子是专用的夹持工具，用来摄取较微小的元器件，或焊接时夹持导线和元器件。使用时注意其尖端应对正吻合，如有偏差及时修理。

（六）螺丝刀

螺丝刀又称起子、旋具。按柄部材料的不同，分为木柄与塑料柄等；按头部形状的不同，分为一字形和十字形两种，分别用于旋紧或拆卸一字槽与十字槽的螺钉。操作时应使头部尺寸与螺钉的槽相吻合，以免损坏。

（七）吸锡器

吸锡器主要用于拆除电子元器件，操作方法如下。

① 先将吸锡器活塞向下压至卡住，吸嘴靠近待拆除的元器件引脚。

② 电烙铁蘸取少量松香，加热待拆除电子元器件焊点至其焊料熔化。

③ 迅速把吸锡器嘴贴上焊点，并按动吸锡器按钮。

④ 一次吸不干净，可重复操作几次。但注意不要过热，以免损坏元器件或焊点铜箔。

二、手工焊接技术

（一）预备知识

1. 电路板简介

(1) 印制电路板　通过专门的工艺，在一定尺寸的敷铜板上印制导线和小孔，可在板上实现元器件之间相互连接的线路板，简称印制板。

(2) 万能板　专门用于焊接训练及简单电路制作的印制线路板，其上已预先钻好整齐划一、互相独立的若干焊盘。

2. 焊盘、焊孔简介

(1) 焊盘　印制板上供元器件引脚或导线安装之用的铜箔面，有圆形、方形、长方形焊盘，一般以圆形焊盘为主，焊接点即在此形成。

(2) 焊孔　焊盘中心的小孔，用来插装元器件引脚或导线。

3. 焊料、焊剂简介

(1) 焊料　是一种熔点比被焊金属低，在被焊金属不熔化的条件下，能润湿被焊金属表面，并在接触界面处形成合金层的物质。通常为锡铅合金。与其他焊料相比，它具有熔点低、机械强度高、价格低的优点。

(2) 焊剂　是一种焊接辅助材料，它能有助于去除被焊金属表面的氧化物，并防止焊接时金属再次被氧化，故又称助焊剂。电子产品焊接中通常用松香焊剂。

为了方便使用，将锡铅合金焊料做成空心细丝，中间加入适当比例的松香焊剂，则成为市面上销售的松脂芯焊丝。其外径有多种尺寸，焊接训练中多用直径为0.8mm或1.0mm的焊锡丝。

（二）焊接步骤

1. 准备工作

(1) 去氧化膜与污物（新元器件不用）　这主要用锉刀或细砂纸等来完成。

(2) 成形　用带圆弧的尖嘴钳头部或镊子的合适位置夹住引线，距引脚根部一定长度处成形。为了防止元器件引脚从根部折断或把引脚从元器件中拉出，引线成形折弯处距离引脚根部的长度为1.5～5mm，折弯半径不小于2倍引角直径。成形时应将元器件有型号或参数的一面朝着查看方便的方向，并尽可能按从左至右的顺序读出，便于日后检查与维修。成形有卧式与立式两种方法，如图2-5所示。对于卧式的元器件，其两端引脚弯折应对称，两引脚要平行，两引脚距离应与印制电路板上两焊盘孔间距离相等，便于元器件自然插入。

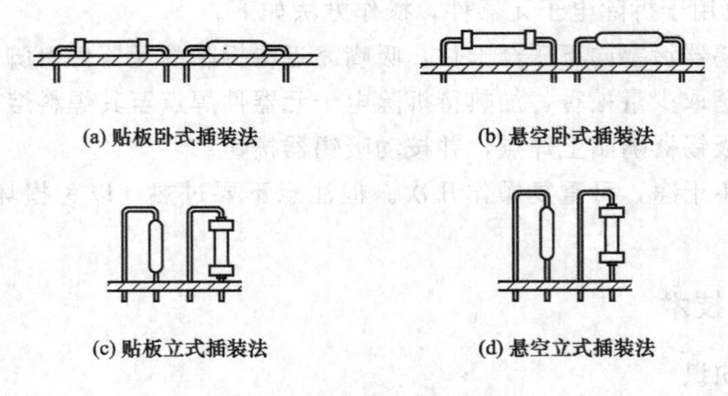

图2-5　元器件成形与插装方法

(3) 搪锡（新元器件不用）　应均匀上锡于元器件引脚将要焊接的部位。

(4) 插件　元器件有卧式插装与立式插装两种。将元器件水平插装在印制电路板上，称为卧式插装法，电阻器、二极管等轴向对称元器件常采用此法。图2-5 (a) 所示的元器件自然贴住印制电路板，装插间隙小于1mm，称为贴板卧式插装法。此法稳定性好，适用于防振要求高的产品。图2-5 (b) 所示的元器件离印制板有一定距离，一般为3～5mm，称为悬空卧式插装法。此法有利于元器件散热，适用于发热元器件的安装，如功率大于1W的电阻器。将元器件垂直于印制板安装，称为立式插装法。图2-5 (c) 所示为贴板立式插装法，图2-5 (d) 所示为悬空立式插装法。立式插装法具有安装密度大、占用面积小、易于拆卸等优点，电容器、三极管等常用此法。当然，元器件到底应采用哪种插装方法，还要视产品的结构特点、装配密度等具体要求而定。

(5) 剪脚　应保证元器件引脚穿过焊盘后还有2～3mm的长度，以利于完成焊接。

2. 焊接五步法

(1) 准备施焊　认准焊点位置，烙铁头和焊锡丝靠近，处于随时可焊接的状态。注意烙铁头部应保证干净。

(2) 预热焊件　烙铁头放在待焊接的元器件引脚处，加热元器件引脚与焊盘。

(3) 放上焊锡　当被焊件经过加热达到一定温度后，立即将焊锡丝放在元器件引脚处熔化。注意焊锡丝是加到烙铁头接触被焊件的对称一侧，而不是直接加到烙铁头上。

(4) 移开焊锡　熔化适量的焊锡后，迅速移走焊锡丝。

(5) 移开烙铁　待熔化焊锡的扩展范围达到要求，即流体焊锡充分围住整个焊盘与引脚，且焊锡丝内的松香熔解尚余烟未了时，移走电烙铁。注意撤走电烙铁的速度与方向，以保证焊点的光亮与美观。

图 2-6 所示对应示范了焊接五步法操作。各步骤之间停留的时间，对保证焊接质量至关重要，只有通过实践才能逐步掌握。

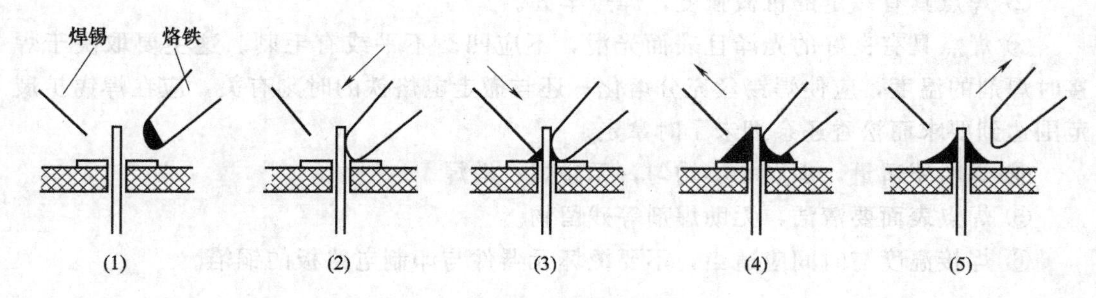

图 2-6　手工焊接五步法

一个良好的焊点必须有足够的机械强度和优良的导电性能，它通常在几秒内形成。在焊点形成的短时间内，焊料和被焊金属会经历三个变化阶段：熔化的焊料润湿被焊金属表面阶段；熔化的焊料在被焊金属表面扩展阶段；熔化的焊料渗入焊缝，在接触界面形成合金层阶段。

3. 处理工作

① 让焊点自然冷却。

② 用纯酒精清洗焊点，除去松香等助焊剂残余物。

当焊接操作非常熟练，或对于热容量需求较小的元器件，可将“焊接五步法”操作步骤调整为“焊接三步法”。

(1) 准备施焊　认准焊点位置，烙铁头和焊锡丝靠近，处于可焊接状态。

(2) 预热与加焊锡丝　在被焊件的对称两侧同时放上电烙铁与焊锡丝，熔化焊料。

(3) 移开焊锡与烙铁　当焊点形成的瞬间，移走焊锡丝与电烙铁。注意焊锡丝要先撤走。

此外，焊接分立元器件采用“焊接三步法”，而对于集成块，则可采用“拉焊技术”。

(三) 焊接注意事项

① 万能板的焊盘要处理干净，且应先选焊孔在焊盘中心的焊盘。

② 焊锡量要适度，应形成以焊盘为底面、接近标准圆锥形的焊点，圆锥高度即元器件引脚伸出印制电路板的高度，一般为 2～3mm，且焊点要光亮。

③ 掌握好焊锡的吸入、移开时刻及方向。焊锡丝应滞后于电烙铁或与电烙铁同时吸入，但超前于电烙铁离开。吸入及离开方向均为 45°左右。

④ 掌握好电烙铁的进入、撤走时刻及方向，电烙铁进入方向为 45°左右，撤走时

垂直向上提 2～3mm，再以 45°左右方向撤走，或直接以 45°左右方向撤走。

⑤ 在印制电路板上焊接时，注意电烙铁放在某个待焊接焊盘上的位置，应从四周无其余焊盘或导线的方向进入。

（四）良好焊点的质量与工艺要求

① 焊点具有良好的电气性能，接触电阻小，无虚焊、假焊。

② 焊点具有一定的机械强度，焊点牢固。

③ 焊点具有良好的光泽且表面光滑，不应凹凸不平或有毛刺。这主要取决于焊接时焊剂的温度，应使焊锡丝充分熔化；还与撤走电烙铁的时刻有关，应在焊锡扩展范围达到要求而松香还余烟未了时拿走。

④ 焊料要适量，焊点大小均匀，无碰焊、搭焊。

⑤ 焊点表面要清洁，无助焊剂等残留物。

⑥ 焊接温度与时间应适当，不要烫坏元器件与印制电路板的铜箔。

三、现代焊接技术简介

（一）波峰焊

为了提高通孔式焊接电子产品的生产效率和印制电路板的焊接工艺质量，大规模生产的工厂里多采用波峰焊接。该工艺主要由以下几个环节组成。

1. 选件工序

由专用的元器件检测仪或测试架对待焊接元器件的参数及质量进行鉴别，将符合要求的元器件送入下一工序。

2. 插装工序

一般采用流水作业形式。半自动插装时，生产线上配备若干台半自动插装机，每个操作工人独立管理一台，每台插装机完成一定数量的元器件插装，做简单的重复操作，共同配合，完成插装任务。

全自动插装是由计算机按预先设定的程序去控制先进的插装机自动完成元器件的插装。它不仅可以提高生产效率和产品质量，还能大大减轻工人的劳动强度与插装的出错率。当然，不是所有的元器件都能进行自动插装，一般要求所装元器件的外形与尺寸尽量简单一致，方向易于识别，且具有互换性。所以一些电子产品在自动插装完成后，还需要适当地手工进行补充插装。

3. 喷涂焊剂及预热、波峰焊接、冷却工序

这几道工序均在波峰焊接机中完成。

（1）喷涂焊剂及预热工序　将插好元器件的印制电路板缓慢地经过泡沫波峰焊剂，以提高被焊物表面的润湿性和去除氧化物。

（2）波峰焊接工序　印制电路板继而进入熔化的焊料波峰上。当运动的印制电路板与焊料波峰接触做相对运动时，板面受到一定的压力，焊料润湿引线和焊盘，形成近锥形焊点。

（3）冷却工序　印制电路板上经高温焊接后的焊点尚处于半凝固状态，若受到振

动，则会影响焊点的质量，故应风冷却后再转入下一工序。

4. 清洗工序

待印制板冷却后，用超声波进行清洗，清洗出来的板再用高压风枪吹干。

（二）SMT

1. 概念

SMT（Surface Mounting Technology，表面贴装技术）是将表面贴装形式的元器件，即新型片式化、微型化无引线或短引线的元器件，用专用的焊膏固定在预先制作好的印制电路板（Printed Circuit Board，PCB）上，在其基板上实现安装的贴焊工艺技术。

2. 特点

SMT 是 20 世纪 80 年代国际上最热门的新一代电子贴装技术，被誉为电子安装技术的一次革命。它与传统的通孔插装技术 THT（Through Hole Technology）生产的产品相比，具有高密集、高可靠、高性能、高效率、低成本等优点。目前，在计算机、通信、军事、工业自动化、消费类电子等领域的新一代电子产品中已得到广泛运用。

① 安装密度高、体积小、重量轻。表面安装元器件（SMC & SMD）的体积小、重量轻，不受引线间距的限制，可在印制电路板两面进行贴装或与有引线元器件混合组装，从而大大提高电子产品的安装密度。

② 具有优良的电性能。表面安装元器件无引线或短引线，因此其寄生电感和电容均很小，自身噪声小。无引线陶瓷封装片状载体（Leadless Ceramic Chip Carrier，LCCC）没有外引线，只有内部芯片压焊丝，电性能效果尤其显著。

③ 提高生产效率。利用 THT 安装的电路板，元器件间必须留有较大间隙，才能保证自动插装机抓住元器件后能准确插入通孔，这需要将印制板扩大 40%。表面安装元器件外形规则、小而轻，便于自动贴装机吸装系统利用真空吸头吸取，适合自动化生产。而且真空吸头尺寸小于元器件，不用加大元器件的安装间隙，可增大组装密度，最终提高生产效率。

④ 降低生产成本。SMT 是将元器件平贴在印制电路板表面，取消了 THT 中元器件定位的通孔，组装前也无需将元器件引线预整形和剪切，减少了生产工序，并节约大量金属材料；SMT 可双面安装，减少了 PCB 板层数；SMT 多采用自动化生产，能提高生产效率。这些都有效地减少了生产成本。

⑤ 提高可靠性。SMT 的元器件直接贴在印制板上，具有良好的耐机械冲击与抗振能力；消除了元器件与印制板之间的二次互连，减少了因连接而引起的桥接、虚接等故障。SMT 的元器件配置都经过计算机的周密设计与优选，其热平衡能事先控制与调节，这些都提高了电子产品的可靠性。

3. 安装工艺

根据电子产品的复杂程度与设备资金投资力度，表面安装工艺有三种层次的工艺流程，即手动流程、半自动流程、全自动流程。

（1）手动流程　主要适用于实验室层面，资金投入少，用于生产较简单的电子产品。分为焊膏印刷、贴片、再流焊三个环节，配备一块与产品配套的金属模板、适当的贴片工具、一个四温区的再流焊炉即可生产。除元器件在再流焊炉中焊接外，其余环节由人工完成。

（2）半自动流程　主要适用于小型企业，资金有所增加，用于生产较简单但批量的电子产品。分为丝网印刷、贴片、再流焊三个环节，需配备丝网印刷机、小型贴片机、有通风设备的再流焊炉。每个环节由人工操作相应的机器完成，环节之间需人工来协调。

（3）全自动流程　主要适用于较大型企业，资金投入多，用于生产复杂、高性能、大批量的电子产品。分为丝网印刷、贴片、再流焊、检测、返修等环节，需配备全自动丝网印刷机、高速多功能贴片机［含 BGA（Ball Grid Array）等贴片功能］、有良好通风效果的七温区再流焊炉、自动光学检测仪、BGA 返修台等造价高的设备。前三个环节各设备之间有导轨相连运送操作对象，每台设备根据产品具体要求，通过人工预先设定好计算机控制程序来完成相应操作任务，如图 2-7 所示。

图 2-7　SMT 全自动流程部分设备

习题与技能训练题

1. 填空题

（1）内热式电烙铁的组成部分中，最关键的部件是________。

（2）尖嘴钳在焊接训练中的用途有________，剪切细小元器件引脚，夹持元器件并辅助散热。

（3）斜嘴钳是专用的________工具，操作时其刀口应________。

（4）镊子是专用的________工具。

2. 选择题

（1）焊接中，焊锡丝的吸入、离开方向与时刻应做到（　）。

A. 焊锡丝先于电烙铁吸入、离开，方向任意

B. 焊锡丝滞后于电烙铁吸入、离开，吸入方向为45°左右，离开方向任意

C. 焊锡丝滞后于电烙铁吸入或与电烙铁同时吸入，但超前于电烙铁离开，吸入及离开方向均为45°左右

D. 焊锡丝先于电烙铁吸入，滞后于电烙铁离开，吸入方向为45°左右，离开方向任意

(2) 焊接操作中，电烙铁的进入、撤走方向应做到（　　）。

A. 电烙铁进入方向为45°左右，撤走方向任意

B. 电烙铁进入方向为45°左右，撤走时垂直向上提2～3mm，再以45°左右方向撤走

C. 电烙铁进入方向任意，撤走时应垂直向上离开

D. 电烙铁进入方向为45°左右，撤走时应水平方向离开

(3) 一个良好的焊点应做到（　　）。

A. 足够的机械强度和优良的导电性能

B. 焊锡量适中，焊点光亮

C. 焊点接近标准圆锥形，圆锥底面即焊盘面，圆锥高度即元器件引脚伸出印制电路板的高度，一般为2～3mm

D. 焊点是一个光亮且圆滑的馒头形

3. 技能题

怎样检查电烙铁的好坏？如果损坏，如何维修？

4. 技能训练

① 用“焊接五步法”在万能板或印制电路板上训练20个焊点，焊点之间允许有焊盘间隔。

② 用“焊接五步法”在万能板上焊接10个电阻，5个卧装，5个立装，焊点之间允许有空焊盘间隔。

③ 按图2-8完成下列操作。

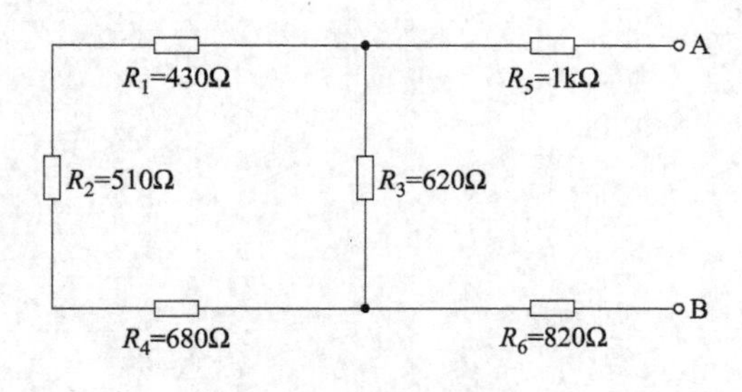

图2-8　焊接训练图

第一步：用万用表检测R_1～R_6电阻器的实际值。

第二步：用“焊接三步法”按照图2-8焊接好电路，电阻器间的电气连线用焊锡或镀锡铜线完成。

第三步：用万用表测量 A、B 间电阻，在误差允许范围内，看与理论计算值是否相符。

④ 用“焊接三步法”在万能板上焊接 5×5 排列的独立焊点矩阵，且焊点间不允许有空焊盘。

⑤ 用“焊接三步法”20min 内在万能板上焊接 10 个电阻，要求 6 个卧装，4 个立装，且相邻焊点间不允许有空焊盘。

学习情境三　声光音乐门铃制作

【实训目标】

1. 掌握安全用电技能。
2. 掌握简单电路原理图识读能力。
3. 掌握根据电路原理图合理选择元器件的技能。
4. 掌握电子元器件识别技能。
5. 掌握手工焊接常用电子元器件技能。
6. 掌握简单电路制作、测试与故障判断技能。
7. 掌握万用表电阻挡与直流电压挡的正确操作技能。
8. 培养观察与逻辑推理能力。

门铃是现代家庭中向主人通报来客的小装置。这里介绍的电子声光音乐门铃采用专用音乐集成电路，再配少量分立元器件组成。只要揿一下按钮，就自动奏出一支乐曲或发出各种不同的模拟音响；同时，装在机壳面板上的发光二极管还会随乐曲节奏闪闪发光，起到装饰和光显示功能。

一、工作原理

声光音乐门铃电路如图 3-1 所示，其核心器件是一片有 ROM（Read-Only Memory）记忆功能的音乐集成电路 A。ROM 是“只读存储器”的英文缩写，即存储器内容已经固定，只能把内容“读”出来。A 内存储什么曲子，完全由 ROM 的内容决定。

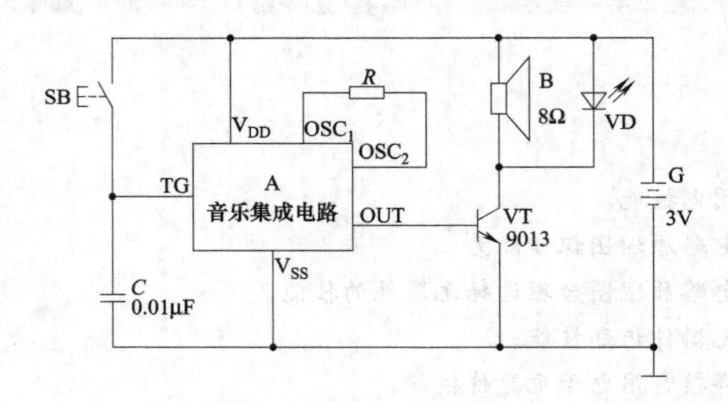

图 3-1　声光音乐门铃原理图

A 实际上是一种大规模 CMOS（Complementary Metal Oxide Semiconductor）电路（互补对称金属氧化物半导体集成电路），虽然其内部线路很复杂，但只要弄清楚其外接引脚功能就可使用，下面着重介绍。

图 3-1 中，V_{DD}和 V_{SS}是外接电源的正、负极引脚。OSC_1、OSC_2 是内部振荡器外接振荡电阻器两引脚。对于需外接 RC 振荡元件的音乐集成电路，外接电阻器或电容器可调整乐曲演奏速度及音调。有些音乐集成电路将振荡元件全部集成在芯片内部，不需外接元器件，这时振荡频率就无法在外面调节。TG 是触发端，一般采用高电平（直接与 V_{DD}相连）或正脉冲（通过按钮开关 SB 接 V_{DD}）触发均可。OUT 是乐曲信号输出端。一般需外接一只晶体三极管 VT，功率放大后推动扬声器 B 发声；也有一些音乐集成电路输出功率较大，可直接推动扬声器发声。

声光音乐门铃工作过程如下：每按动一下按钮开关 SB，音乐集成电路 A 的触发端 TG 便通过 V_{DD}获得正脉冲触发信号，A 开始工作，其输出端 OUT 输出一遍存储的音乐电信号，经三极管 VT 功率放大后，驱动扬声器 B 发出优美动听的乐曲声；与此同时，并接在 B 两端的发光二极管 VD 也会随乐曲节奏闪闪发光。

电路中，*C* 是交流旁路电容器，作用是防止音乐集成电路受杂波感应误触发。因为 TG 引脚输入阻抗很高，当按钮开关 SB 引线较长，特别是引线与室内 220V 交流电电线靠得较近时，每开关一次电灯或家用电器，就会造成集成电路误触发，使门铃自鸣一次。有了电容器 C，就能有效消除这种外干扰，使门铃稳定、可靠工作。实际使用中，C 也可用一只 300～510Ω 的 1/8W 碳膜电阻器来代替，也可将 C 直接跨接在 V_{DD} 与 TG 引脚之间，即接 SB 的位置。

二、元器件选择

制作音乐门铃的关键器件是音乐集成电路 A。目前，按其存储乐曲数量可分为单曲、多曲和具有各种模拟音响等多种。其封装形式有塑料双列直插式和单列直插式。还有用环氧树脂将芯片直接封装在一块小印制电路板上，俗称黑胶封装基板，也称软包封门铃芯片。下面介绍几种最常见的音乐集成电路及其接线图。

（一）CW9300 或KD-9300 系列音乐集成电路

图 3-2 所示是 CW9300 或 KD-9300 系列音乐集成电路制作门铃的接线图。这两个系列均存储世界名曲一首，其外引脚排列和功能都一样，只是每种系列按存储乐曲不同划分成许多型号。

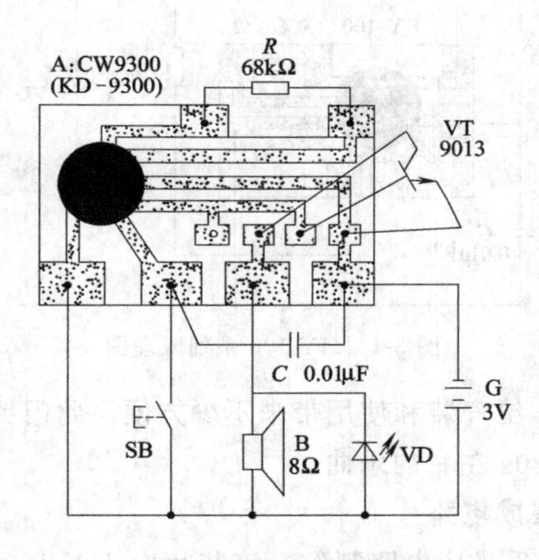

图 3-2　CW9300 系列原理图

目前，CW9300 或 KD-9300 系列存储乐曲共有 31 种，可供用户选择使用。R 是外接振荡电阻器，取值 47～82kΩ。阻值小，乐曲演奏速度快；阻值大，乐曲节奏慢。每按一次 SB，扬声器 B 就会自动鸣奏一支长约 15～20s 的世界名曲。

（二）KD-150 或HFC1500 系列音乐集成电路

图 3-3 是用 KD-150 或 HFC1500 系列音乐集成电路制作的接线图。这类系列音乐集成电路主要存储国内流行歌曲或世界名曲，还包含了“叮-咚”双音模拟声（KD-153H 型）等，品种繁多，可满足不同爱好者需求。该系列将外接振荡电阻集成在芯片内部，省去了外接电阻器的麻烦，使制作更简单。

（三）HY-100 系列音乐集成电路

图 3-4 用 HY-100 系列音乐集成电路制作。该系列芯片已集成了功率放大器，故

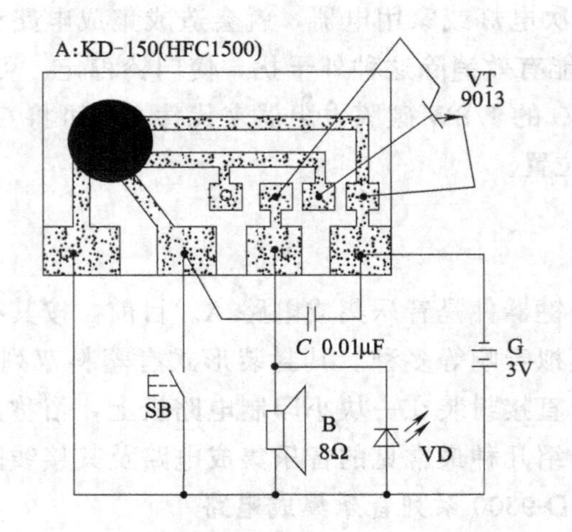

图 3-3　KD-150 系列原理图

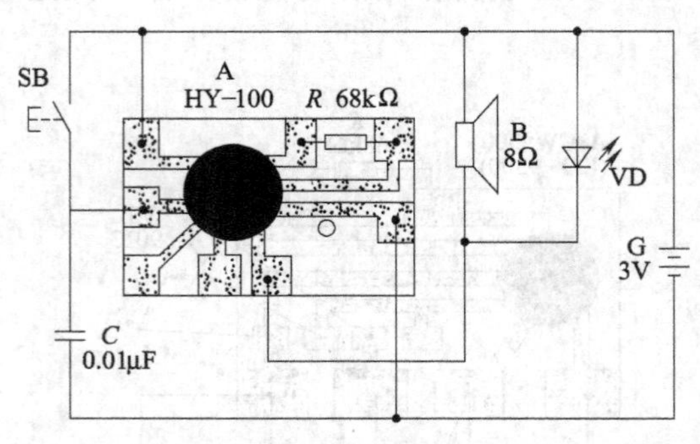

图 3-4　HY-100 系列原理图

不必再外接功率三极管，给安装和使用带来不少方便。此门铃每按一下按钮开关 SB，扬声器 B 即能奏出一支 20s 左右的乐曲。

（四）HY-101 音乐集成电路

图 3-5 用 HY-101 音乐集成电路制作。该芯片由 HY-100 系列派生，故也不用外接三极管就能推动扬声器 B 发声和发光二极管 VD 闪亮。它和 HY-100 的不同之处是存储容量较小，因此发声时间较短。

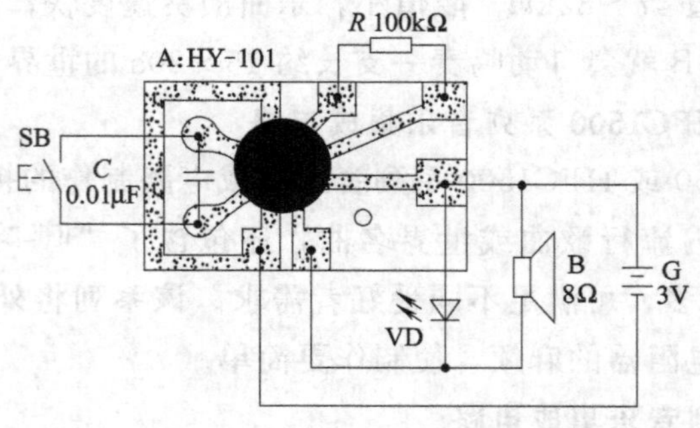

图 3-5　HY-101 芯片原理图

前面介绍的几种音乐芯片，每触发一次，奏乐时间一般都在15～20s左右，这在某些场合，如居住单元楼房的家庭，显得过分冗长。此时采用HY-101芯片就非常合适，它触发后的奏乐时间约5s左右。

（五）ML-03音乐集成电路

图3-6用ML-03音乐集成电路制作多曲声光音乐门铃。ML-03存储12首世界名曲主旋律，每按动一次按钮开关SB，扬声器B就播放一首乐曲；12首乐曲依次播完后，再按SB，又重新从头开始播第一首乐曲。

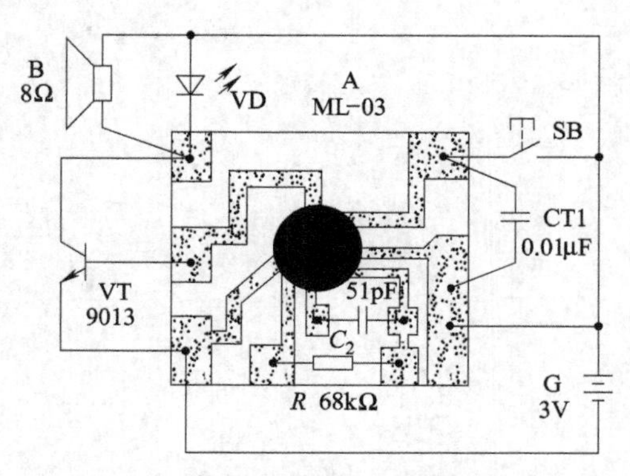

图3-6 ML-03芯片原理图

这种芯片曲调变化多样，给人以新鲜感。R和C_2是外接振荡电阻器与电容器，适当改变参数即可调整乐曲演奏速度及音调。与ML-03功能及印制电路板一样的多曲音乐芯片还有CW2850、KD-482等型号，可以互相替换。

以上各电路中，晶体管VT最好采用集电极耗散功率大于300mW的NPN型中功率三极管，如9013、8050、3DG12、3DK4和3DX201型号等，要求电流放大系数$\beta>100$。VD最好选用ϕ5mm的红色发光二极管。电阻器均采用RTX-1/8W型小型碳膜电阻器。电容器均用CT1型瓷介电容器。B是8Ω、0.25W小口径动圈式扬声器。SB用市售门铃专用按钮开关。G用两节五号干电池串联而成电压3V，另配一个塑料电池盒。

三、电路制作

除按钮开关SB外，其余元器件均以音乐芯片的印制电路板为基板，以扬声器B和3V电池盒为固定支架，全部焊装在一个大小合适的自制木盒内，也可用市售漂亮的香皂盒代替。为考虑外壳安装方便，所有元器件建议为卧式安装。

小盒内安装扬声器的位置要事先钻些小孔，以便扬声器对外良好放音。小盒面板合适位置处要开一个ϕ5mm的小孔，以便让发光二极管VD伸出来。对于按钮引线较短且远离照明电路导线的楼房居民来讲，0.01μF的旁路电容器可省去不用。

焊接时要特别注意：因为音乐集成电路A均系CMOS电路，所以电烙铁外壳必须要有良好的接地装置。如无接地保护，也可拔去电烙铁电源插头，利用其余热焊接，这样可避免集成电路被外界感应电场击穿，而造成永久性损坏。焊接所用电烙铁功率不宜超过 30W，且在电路板或元器件上停留时间应尽可能短，尤其是扬声器的两个接点不宜高温，以免烫坏。残余助焊剂一定要清理干净。

此声光音乐门铃的优点是不用调试就能正常工作。由于静态时电路耗电仅为 0.1～1μA，工作时电流一般小于 150mA，故用电很节省，两节新的五号干电池一般可用半年至一年时间。

实际使用时，将门铃小盒挂在室内墙壁或者门扇背面，按钮开关则通过双股软塑电线引至房门外，在门框的适当位置，一般距离地面 1.5～1.7m 左右处固定。

提高篇

学习情境四　循环音乐、流水彩灯制作

【实训目标】

1. 掌握安全用电与安全文明生产管理技能。
2. 对照实际元器件，初步训练按模块识读电子产品原理图的能力。
3. 掌握常用电子元器件识别与检测技能。
4. 掌握手工焊接技能，掌握电子产品装配工艺、装配与测试技能。
5. 掌握电路故障诊断与排除技能。
6. 掌握仪器与仪表使用技能。
7. 了解万用表各挡性能与检测技能。
8. 加强团队合作意识，培养团队合作能力。
9. 培养观察与逻辑推理能力。

一、原理图（图 4-1）

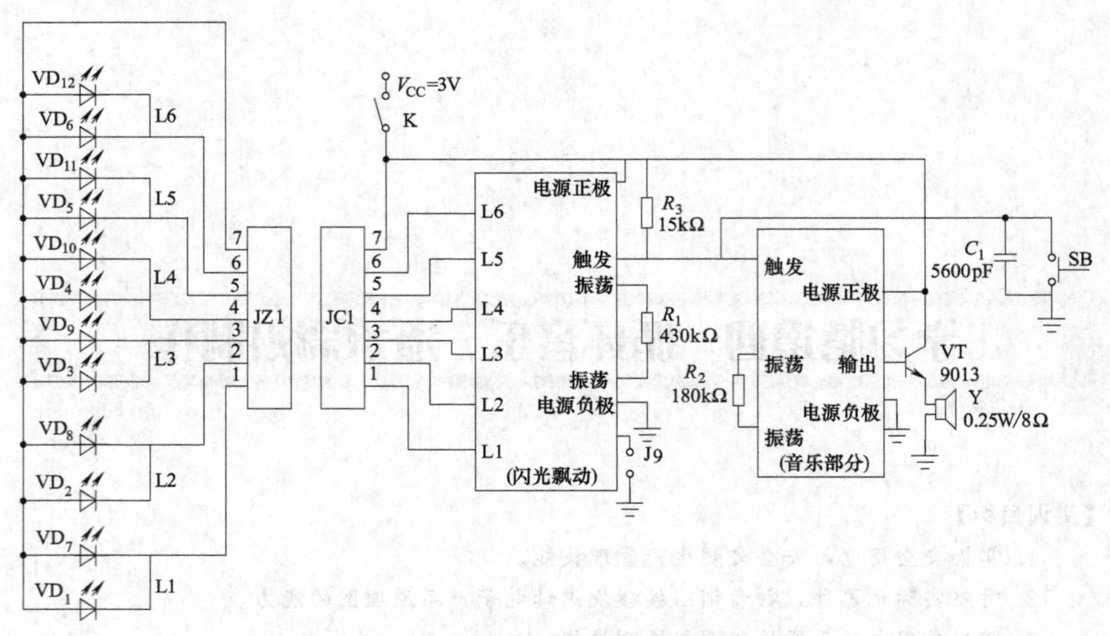

图 4-1　循环音乐、流水彩灯原理图

二、元器件识别与检测

（一）电阻器

1. 电路符号与标号

电阻器（Resistor）是电路中应用最广泛的一种二端元件，常用于分压、限流，也可与电容器配合用于滤波，还可作阻抗匹配、充当负载等。它在电路中的图形符号如图 4-2（a）所示，其文字符号（也称标号或项目代号）用 R 表示，理想伏安特性满足 $u=Ri$。

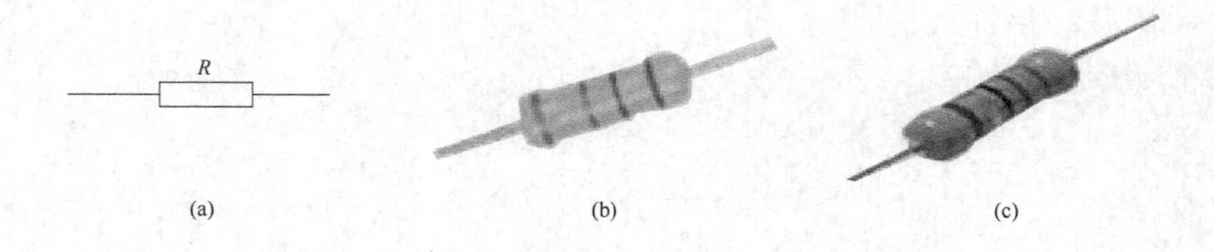

图 4-2　电阻器图形符号与外形图

本产品中，电阻器 R_1 与充当闪光飘动功能的环氧树脂封装芯片内部的电容器配合，决定彩灯闪烁速度；R_2 与音乐芯片内部的电容器配合，决定音乐播放速度；R_3 是分压电阻器，为闪光飘动芯片提供触发工作电平。

2. 主要参数

电阻器的参数主要有标称值、允许误差与额定功率。

(1) 标称值　标称值是电阻器设计所规定的"名义"阻值，也即按国标 GB/T 5729—2003 在 23～27℃范围内测试，距离电阻器本体 9～11mm 处测量的值，其单位有欧姆（Ω）、千欧（kΩ）、兆欧（MΩ）等。

碳膜电阻器产品的阻值范围为 1Ω～10MΩ，金属膜电阻器产品的阻值范围为 1Ω～200MΩ。为了便于生产和使用者在上述范围内选用电阻器，国家还规定出标称值系列，如表 4-1 所示。如 1Ω、10Ω、100Ω、1kΩ、10kΩ、100kΩ、1MΩ 等标称值的电阻器，如果是普通电阻器，可属于 E24 的 1.0 标称值系列，如果是精密电阻器，则属于 E96 的 1.00 标称值系列；而 5.1Ω、51Ω、510Ω、5.1kΩ、51kΩ、510kΩ、5.1MΩ 等电阻器，则属于 E24 的 5.1 标称值系列。

表 4-1　电阻器常用标称值系列和允许误差

系列	电阻器标称值系列	允许误差
E24	1.0、1.1、1.2、1.3、1.5、1.6、1.8、2.0、2.2、2.4、2.7、3.0、3.3、3.6、3.9、4.3、4.7、5.1、5.6、6.2、6.8、7.5、8.2、9.1	±5% Ⅰ级　J
E96	1.00、1.02、1.05、1.07、1.10、1.13、1.15、1.18、1.21、1.24、1.27、1.30、1.33、1.37、1.40、1.43、1.47、1.50、1.54、1.58、1.62、1.65、1.69、1.74、1.78、1.82、1.87、1.91、1.96、2.00、2.05、2.10、2.15、2.21、2.26、2.32、2.37、2.43、2.49、2.55、2.61、2.67、2.74、2.80、2.87、2.94、3.01、3.09、3.16、3.24、3.32、3.40、3.48、3.57、3.65、3.74、3.83、3.92、4.02、4.12、4.22、4.32、4.42、4.53、4.64、4.75、4.87、4.99、5.11、5.23、5.36、5.49、5.62、5.76、5.90、6.04、6.19、6.34、6.49、6.65、6.81、6.98、7.15、7.32、7.50、7.68、7.87、8.06、8.25、8.45、8.66、8.87、9.09、9.31、9.53、9.76	±1% 0 级 F

实际电路运用与设计中，电阻器阻值应按标称系列选取。如果所需阻值不在标称系列内，则选接近该阻值的标称值电阻器，也可采用两个或两个以上的标称值电阻器串联、并联来替代。

(2) 允许误差　允许误差是电阻器实际阻值与标称值之间的最大允许偏差范围。随着现代生产工艺的发展，图 4-2（b）所示的碳膜电阻器精度一般为±5%，有时也用Ⅰ级或字母 J 表示；图 4-2（c）所示的金属膜电阻器精度至少可达到±1%，有时也用 0 级或字母 F 表示，见表 4-1。

实际电路运用与设计中，碳膜电阻器因其稳定性好、高频特性好、噪声低、阻值范围宽、负温度系数小、价格低廉而广泛应用于电子、电器、资讯产品；金属膜电阻器由于精密度高、公差范围小、稳定性好、阻值范围和工作频率宽、耐热性能好、体积较小而应用于质量要求较高的电路中。

(3) 额定功率　额定功率指电阻器在正常大气压力 650～800mmHg[1] 及额定温度

[1] 1mmHg=133.3Pa

下，长期连续工作并能满足规定的性能要求时，所允许消耗的最大功率。碳膜电阻器产品的额定功率范围是 0.125～10W，如 0.125W、0.25W、0.5W、1W、2W、5W、10W 等；金属膜电阻器产品的额定功率范围是 0.125～2W。

实际电路运用与设计中，电阻器实际消耗的功率不得超过其额定功率，否则阻值等性能将会改变，甚至烧毁。一般要求额定功率≥2 倍实际消耗功率。

3. 参数标志方法

2W 以下的电阻器额定功率与体积大小有关，体积越大，功率越大，其关系见表 4-2。2W 以上的一般在电阻器本体上直接标注。电路图中，如果需要标注额定功率，则如图 4-3 所示。

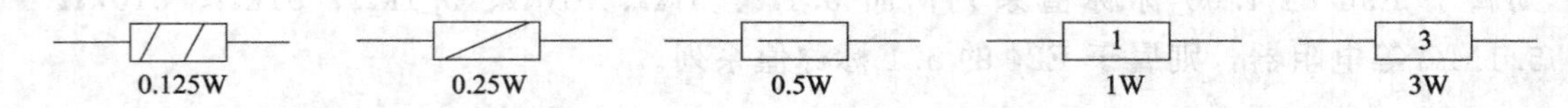

图 4-3 电阻器额定功率电路符号标注图

表 4-2 电阻器体积与功率关系

额定功率 /W	RT 碳膜电阻器(土黄底色)		RJ 金属膜电阻器(蓝底色)	
	长度/mm	直径/mm	长度/mm	直径/mm
0.125	11	3.9	<8	2～2.5
0.25	18.5	5.5	7～8.3	2.5～2.9
0.5	28.0	5.5	10.8	4.2
1	30.5	7.2	13.0	6.6
2	48.5	9.5	18.5	8.6

标称值与允许误差两个参数一般直接标在电阻器本体上，标志方法有三种：直标法、文字符号法和色标法。

（1）直标法　体积较大的电阻器，标称值直接用阿拉伯数字与单位符号标在电阻器本体上，允许误差直接用百分数表示，有些电阻器其额定功率等内容也直接标出来。如图 4-4 所示，代表该电阻器标称值为 3.6kΩ，允许误差±5%，额定功率 1W。

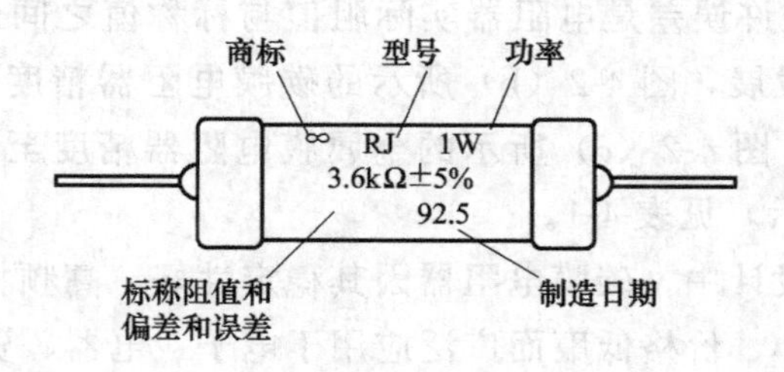

图 4-4 电阻器直标法

（2）文字符号法　将电阻器的标称值、允许误差用阿拉伯数字与文字符号按一定规律组合标在电阻器本体上。其中，标称值整数部分的阿拉伯数字写在阻值单位文字符号前面，小数部分第一、二位数字写在阻值单位文字符号后面，阻值单位文字标志符号如表 4-3 所示，允许误差用文字符号表示。如 2R2I 的电阻器代表其标称值 2.2Ω、允许误差±5%；1K54F 表示标称值 1.54kΩ、允许误差±1%的电阻器。

表 4-3　阻值单位文字标志符号

单位符号	R	K	M	G	T
数量级含义	10^0	10^3	10^6	10^9	10^{12}
名称	欧姆	千欧	兆欧	吉欧	太欧

(3) 色标法　体积小的电阻器，在其表面用不同颜色的色环排列来表示标称值与允许误差等。根据其精度及用途不同，四环标志法应用于普通电阻器，见图 4-2 (b)；五环标志法用于精密电阻器，见图 4-2 (c)；六环标志法用于高科技产品，价格昂贵。各颜色所代表含义见表 4-4。

表 4-4　色环电阻器颜色含义

颜色	Colour	有效数字	乘方数	允许误差	温度系数/(10^{-6}/℃)
黑	Black	0	0		
棕	Brown	1	1	F　±1%	100
红	Red	2	2	G　±2%	50
橙	Orange	3	3		15
黄	Yellow	4	4		20
绿	Green	5	5	D　±0.5%	
蓝	Blue	6	6	C　±0.25%	10
紫	Violet	7	7	B　±0.1%	5
灰	Gray	8	8		
白	White	9	9		1
金	Gold		−1	J　±5%	
银	Silver		−2	K　±10%	

四环标志法规律：第一、二环为有效数字，第三环表示×10 的乘方数，第四环表示允许误差，即第一、第二环组成的有效数字$\times 10^{\text{第三环代表的乘方数}}$±第四环误差，如图 4-5 (a) 所示，第一环白色、第二环棕色表示有效数字 91，第三环黄色表示$\times 10^4$，第四环金色表示±5%的允许误差，即 $91\times 10^4\Omega\pm 5\%=910k\Omega\pm 5\%$。

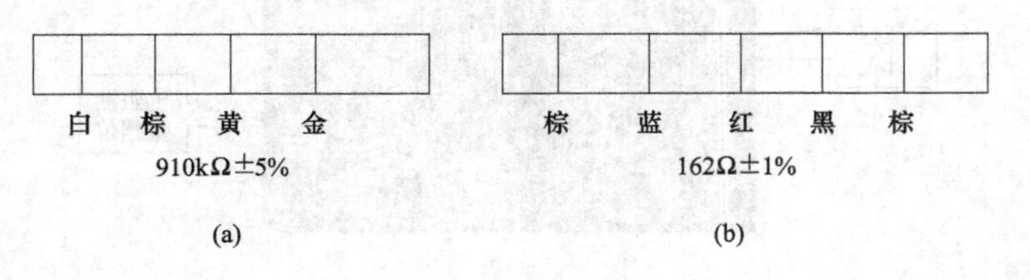

图 4-5　电阻器色标法

五环标志法规律：第一、第二、第三环为有效数字，第四环表示$\times 10$的乘方数，第五环表示允许误差，即第一、第二、第三环组成的有效数字$\times 10^{第四环代表的乘方数}\pm$第五环误差，如图 4-5（b）所示，第一环棕色、第二环蓝色、第三环红色表示有效数字162，第四环黑色表示$\times 10^0$，第五环棕色表示$\pm 1\%$的允许误差，即该电阻器为$162\times 10^0\Omega\pm 1\%=162\Omega\pm 1\%$。

六环标志法规律：前五环与上述的五环标志法相同，第六环代表电阻器的温度系数，单位10^{-6}/℃。如“红红黑棕紫橙”代表$220\times 10^1\Omega\pm 0.1\%$，$15\times 10^{-6}$/℃，即$2.2\text{k}\Omega\pm 0.1\%$，$15\times 10^{-6}$/℃。

一般来说，在识别色环顺序时，电阻器两端的色环中，离边缘更近的是阻值第一环，或者与其他环之间的距离不同且最大的为误差环。如果这种区别不明显，则可按表 4-4 所示误差环的颜色来判断边缘环。当误差环中没有该颜色时，则说明此环不是误差环，而是第一环阻值环。还可从阻值范围来识别第一环：色环电阻器产品阻值范围一般是 1Ω～10MΩ，假设某电阻器的五个色环是棕、红、黑、绿、棕，如果认定左边棕色为第一环，则标称值为 12MΩ，超出了产品范围，而认定右边棕色为第一环，标称值为 15kΩ，说明识别正确。如果还鉴定不出，就只有依靠万用表测量阻值了。

4. 实际阻值检测

以 MF368 型指针式万用表为例，测量电阻器实际阻值的操作步骤如下。

(1) 检查机械调零　指针应与第一条 Ω 刻度线最左边一格∞重合，并且刻度线、指针、镜子里的投影应三线重合，否则需用小一字螺丝刀轻轻地校准机械调零旋钮，如图 4-6 所示，该旋钮在万用表中部。如果调不到，有可能是万用表机械部位故障，如机械调零旋钮下方与指针套圈未卡到位或游丝弹簧失灵等。

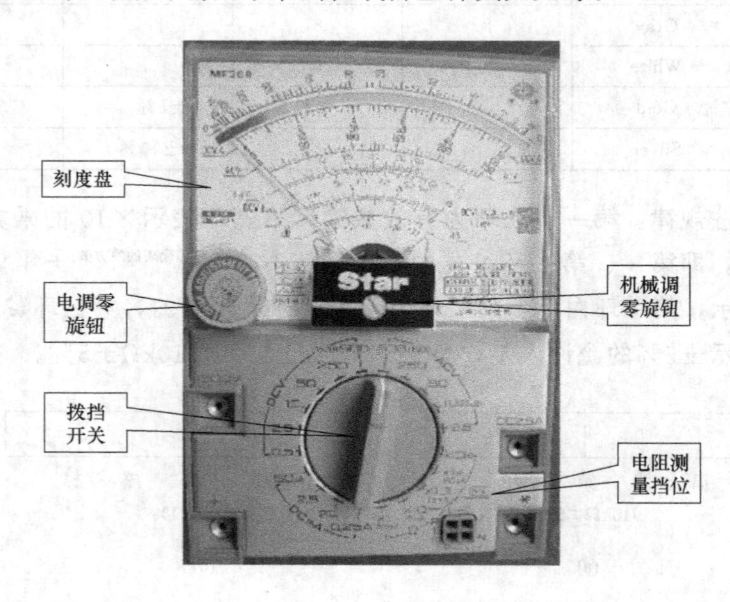

图 4-6　MF368 型指针式万用表外形图

（2）选择合适挡位　此万用表电阻测量挡位在右下角区域，共有×1、×10、×100、×1k、×10k五个倍率挡位，均可通过拨挡开关来换挡。为保证测量精度与方便读数，选倍率挡时，应保证测量中使指针尽量落在第一条Ω刻度线的1/3～2/3区域。

（3）电调零　每次选好电阻倍率挡后，将红、黑表笔金属部位短接，此时指针向右边偏转；旋动表左中部的电调零旋钮，使指针与第一条Ω刻度线最右边一格零重合，并且刻度线、指针、镜子里的投影应三线重合。如果指针不动，则应检查两支表笔是否断线、拨挡开关内部的金属簧片是否换接到所需倍率挡电路、该金属簧片是否氧化等。如果指针在零刻度格以左，顺时针旋动电调零旋钮，使指针向右移动，仍偏不到零格，说明表内电池电压不够，需更换新电池，前四挡共用一节五号1.5V电池，×10k挡还多用一个6F22型9V叠层电池。如果指针在零刻度格以右，向左调仍不到零格，说明表内该倍率挡电路有故障。

（4）测量　为保证日后检修电子产品时养成良好的测量习惯及准确测量，应掌握安全测量姿势：单手像拿筷子般夹住红、黑表笔，让表笔线落在手部外侧，在电阻器处于断电、断线路状态下，表笔接触电阻器两引脚合适部位。注意不要用双手操作表笔，以免带来安全隐患；也不应双手同时接触电阻器两引脚，会影响测量精度。

（5）读数　在第一条Ω刻度线上读取数值，注意指针应与刻度线重合才表示读数准确。如果指针未落在某刻度格线上，则估读该数值。

（6）得出结果　实际阻值＝读取的数值×所选倍率挡。

如果用数字万用表测量电阻器阻值，以YT8045台式数字万用表为例，操作步骤如下。

（1）连线　如图4-7所示，将黑表笔插入“COM”孔，红表笔插入“VΩHz”孔。

（2）选挡　此表电阻测量有200Ω、2kΩ、20kΩ、200kΩ、2MΩ、20MΩ共六挡，通过功能转换开关切换。以电阻器标称值不超过且又接近某电阻量程挡为选挡依据，此时测量值最精确。

（3）测量　与指针式万用表操作姿势相同。但低阻测量时，应先将两表笔金属部位短接，待稳定后如果有显示值，应在测量值中减去这部分值。

（4）读数　显示器数据即电阻器实际阻值。当被测电阻器开路或阻值超量程时，将显示“1”；测量值≥1MΩ时，需几秒后显示器读数才会稳定。

5. 电阻器种类识别

电阻器种类很多，分类方法也各不相同，这里主要介绍常用的碳膜电阻器与金属膜电阻器。

从外观看，过去的国标按颜色区分，碳膜电阻器为绿色底，金属膜电阻器为红色底；现在这两类微型电阻器常用的为色环产品，前者多为土黄色底四环，后者为蓝色底五环。

由于现代生产工艺的提高和假金膜的出现，很多时候用上述方法仍区分不清这两

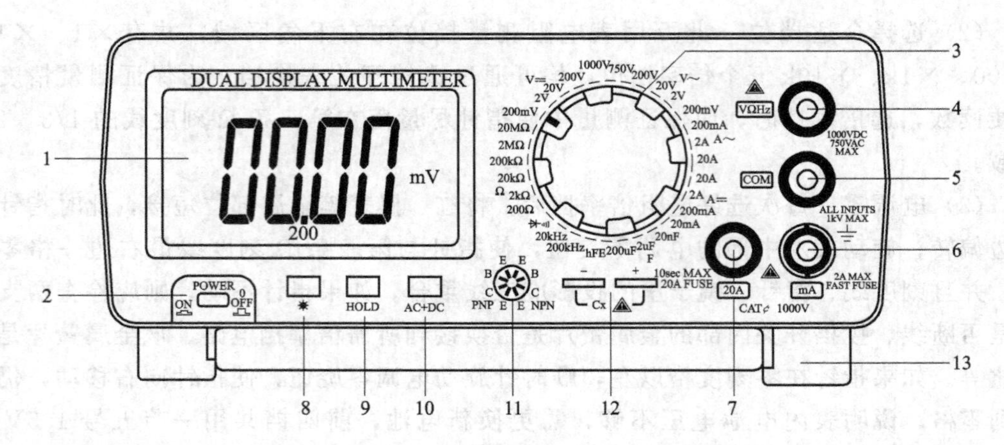

图 4-7　YT8045 型数字万用表外形图

1—显示器；2—POWER 电源开关；3—功能转换开关；4—电压、电阻、频率测量输入端；
5—COM 公共端；6—2A 以下电流测量输入端及 2A 保险丝座；7—20A 电流测量输入端；
8—背景灯开关；9—HOLD 保持开关；10—AC+DC 测量转换开关；
11—晶体管 h_{FE}测试插座；12—电容测量
输入插座；13—底座支架

种电阻器，此时可用下面两种方法。

第一种方法：用刀片刮开保护漆，露出的膜颜色是黑色为碳膜电阻器，膜颜色为亮白的则为金属膜电阻器。

第二种方法：由于金属膜电阻器的温度系数比碳膜电阻器小得多，当用万用表测阻值时，将烧热的电烙铁靠近电阻器，如果阻值变化很大，则为碳膜电阻器，反之则为金属膜电阻器。

6. 电阻器识别与检测任务

通过色环识别标称阻值，通过体积大小识别其额定功率，用万用表合适挡位检测各电阻值，数据填入表 4-5 中，其中的序号为元器件装配序号，以下均同。

表 4-5　电阻器识别与检测

序号	项目代号	色环	标称值/Ω	额定功率/W	所用挡位	实测阻值/Ω
2	R_1					
	R_2					
	R_3					

（二）电容器

1. 电路符号与标号

电容器（Capacitor），顾名思义“装电荷的容器”，是电路中应用广泛的一种二端储能元件。利用其充放电与隔直通交的特性，常用于滤波、耦合、旁路、能量转换、调谐等。图 4-8（a）为无极性电容器的电路符号以及常用的低压圆片型瓷介电容器外形，图 4-8（b）为有极性电容器（一般为电解电容器）的电路符号。电容器标号用 C

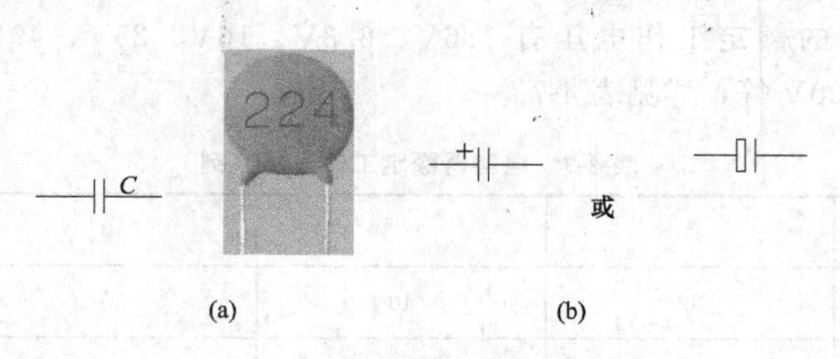

图 4-8　电容器电路符号与外形图

表示，理想伏安特性满足 $i=C\dfrac{\mathrm{d}u}{\mathrm{d}t}$。

本循环音乐、流水彩灯产品中，开关 K 合上时，电源 V_{CC}通过 R_3 向电容器 C_1 充电，使其保持一定的电位，锁定音乐芯片不能触发。当按钮 SB 压下时，C_1 存储的电荷通过 SB 迅速释放至零电位，使触发电平为零，让音乐开始播放。

2. 主要参数

电容器的参数主要有标称容量、允许误差和额定电压。

(1) 标称容量　标称容量是电容器设计与生产时规定的“名义”电容量，其单位有法拉（F）、微法（μF）、皮法（pF）等。与电阻器一样，为了方便生产和使用者选用，电容器数值也有标称系列，如表 4-6 所示。故在实际电路运用与设计中，电容器容量数值应按规定的标称值来选取。

(2) 允许误差　允许误差是电容器实际容量与其标称容量之间的最大允许偏差范围。其误差等级可见表 4-4 和表 4-6。一般电容器常为Ⅰ、Ⅱ、Ⅲ级，电解电容器允许误差可大些。在电源滤波、低频耦合等电路中，可选±5%、±10%、±20%等级。振荡回路、音调控制等电路中，要求精度稍高一些。而各种滤波器等产品中，则要求选用高精度的电容器。

表 4-6　常用电容器标称值系列和允许误差

系列	电容器标称值系列	允许误差
E24	1.0、1.1、1.2、1.3、1.5、1.6、1.8、2.0、2.2、2.4、2.7、3.0、3.3、3.6、3.9、4.3、4.7、5.1、5.6、6.2、6.8、7.5、8.2、9.1	±5% Ⅰ级 J
E12	1.0、1.2、1.5、1.8、2.2、2.7、3.3、3.9、4.7、5.6、6.8、8.2	±10% Ⅱ级　K
E6	1.0、1.5、2.2、3.3、4.7、6.8	±20% Ⅲ级　M

(3) 额定工作电压　额定工作电压指在允许环境温度（电解电容器测试温度为 85℃）范围内，能够长期可靠地施加在电容器上不被击穿的最高直流电压或交流电压的最大值，也称耐压值，通常规定为其击穿电压的一半。

电容器常用的额定工作电压有 1.6V、6.3V、16V、25V、40V、63V、100V、160V、250V、400V 等，详见表 4-7。

表 4-7 电容器额定工作电压系列 V

1.6	4	6.3	10	16
25	32	40	50	63
100	125	160	250	300
400	450	500	630	1000
1600	2000	2500	3000	4000
5000	6300	8000	10000	15000
20000	25000	30000	35000	40000
45000	50000	60000	80000	100000

实际电路运用与设计中，为保证电容器能正常工作，其额定工作电压要大于实际工作电压，且应有一定裕量。一般额定工作电压≥2 倍实际工作电压，但不是越大越好，还应综合考虑经济成本、使用性能等。一般额定工作电压高的电容器体积会大些，价格会高些。另外，高额定工作电压值的电解电容器用于低电压电路中，其电容量将减小，影响工作性能，如在一个 5V 电源电路中用 50V 额定工作电压的电解电容器，其电容量约减少一半。

(4) 绝缘电阻与漏电流　由于电容器的介质非理想绝缘体，因此工作中当电压加之其两引脚间，将产生电流，称之为漏电流；电压与漏电流之比称为绝缘电阻或漏电阻。漏电流过大，会引起电容器性能变差而引起电路故障，甚至发热、失效、爆炸。所以从生产工艺角度讲，希望做到漏电流越小越好，而绝缘电阻越大越好。

电解电容器采用电解质做介质，漏电流较大，一般会给出其参数，如铝电解电容器的漏电流可达毫安级，且与其电容量、额定工作电压成正比；其他电容器漏电流极小，此时就用绝缘电阻表示其绝缘性能，一般在数百兆欧到数百吉欧数量级。

3. 参数标志方法

(1) 数码法　一般用三位数表示电容器标称容量，前两位为容量第一、二位有效数字，第三位表示×10 的乘方数，也可以认为是有效数字后加零的个数，单位是皮法（pF）。如 $103=10\times10^{3}$pF$=10000$pF$=10$nF$=0.01\mu$F，$334=33\times10^{4}$pF$=330000$pF$=330$nF。需注意，当第三位数字为 9 时，却表示$\times10^{-1}$，如 $229=22\times10^{-1}$pF$=2.2$pF。

(2) 文字符号法　与电阻器类似，用文字符号与阿拉伯数字组合表示电容器的容量，只不过单位文字标志符号不同，见表 4-8。如 P33＝0.33pF，4μ7＝4.7μF。

表 4-8 电容量单位文字标志符号

单位符号	pF	nF	μF	mF	F
数量级含义	10^{-12}	10^{-9}	10^{-6}	10^{-3}	10^{0}
名称	皮法	纳法	微法	毫法	法拉

(3) 直标法　将电容器的标称容量、额定工作电压等参数直接标注在电容器表面。电解电容器多采用此法。

(4) 色标法　在电容器外表涂上色带或色点表示其标称容量等。颜色表示的含义与电阻器相同。

4. 绝缘电阻测试

(1) 测试方法　小容量电容器用指针式万用表的 Ω×10k 挡，大容量电容器用 Ω×1k 挡。操作均采用点测量法，即将一支表笔搭在电容器的某个引脚，另一支表笔接触另一个引脚的同时，眼睛观察仪表指针的变化过程。此法对小容量电容器尤其必要。

表笔接触电容器两引脚时，指针先向右摆动或偏转，然后再朝左往∞方向恢复，待指针停止时所读取的数据即为电容器绝缘电阻值。但注意小容量的电容器，如 103 等，摆动很细微，而容量更小的电容器，如 160pF 等，则观察不到此现象。还要注意每次测试之前，应先对电容器进行放电处理，让其恢复到零电荷状态。

(2) 容量定性判别　测量电容器绝缘电阻时，如果指针向右偏转幅度越大，向左恢复速度越慢，则说明电容器容量越大。

(3) 性能判别　绝缘电阻值越大，说明电容器绝缘性能越好。如果该值为零或靠近零点，则说明电容器内部短路。若测量时指针不动，始终指向∞，则说明电容器内部开路或失效，但很小容量的电容器因其充、放电现象观察不到，应区别对待。

(4) 类型判别　如果调换红、黑表笔所测的两个绝缘电阻值相等，说明是无极性电容器；两次值相差较大，则为有极性的电解电容器。

(5) 电解电容器极性判别　电解电容器属有极性电容，在使用中正、负极性不允许接错，故在使用前应正确判别。它有正、反向绝缘电阻，其正向绝缘电阻远大于反向绝缘电阻，前者至少为 MΩ 级以上，后者一般为 kΩ 级。根据此特性，调换红、黑表笔测得的两个绝缘电阻中，阻值大时黑表笔所接为正极。

另外，还可从外观识别电解电容器极性，如图 4-9 所示，有两种方法：第一，圆柱侧面有"—"标志者对应引脚为负极；第二，新电解电容器，两只引脚中短的为负极。

(6) 电容器实际容量测量　如图 4-7 所示，将数字万用表的功能转换开关打到合适的电容测量挡，以电容器标称容量不超过且又接近某电容量程挡为选挡依据，此时测量更快速、准确。将被测电容器插入到电容测量输入插座，注意有极性电容器应按极性正确插入。待数值稳定后，读取显示器数值即为电容器的实际电容量。如果被测电容器开路或电容值超量程，则显示"1"，≥600μF 的电容器测量时间会较长。

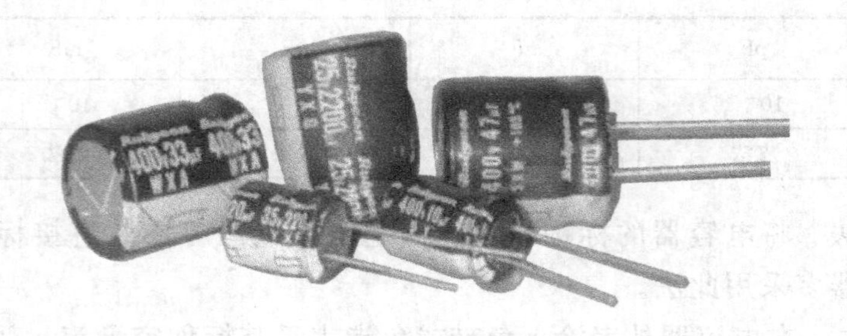

图 4-9　电解电容器外形图

注意　测量前必须将电容器放电干净，尤其是高压电容器。测量完成后，应将电容器从插座中拿走，断开与万用表的连接。

5. 电容器识别与检测任务

本产品中 C_1 为低压圆片型瓷介电容器，通过电容器表面标志的数字识别其标称容量。用指针式万用表合适挡位检测其质量好坏，注意短路或开路则不可使用。用数字万用表合适挡位测量其实际电容量，数据填入表 4-9 中。

表 4-9　电容器识别与检测

序号	项目代号	名称	标称容量/F	实测容量/F	所用挡位	漏电阻/Ω
3	C_1					

（三）三极管

1. 电路符号与标号

晶体三极管（Transistor）采用硅或锗等半导体材料，将两个 PN 结以一定工艺制成，是应用最广泛的器件之一。它是一种电流控制型半导体器件，有对微弱信号进行放大、作无触点开关、倒相等作用。

按结构分类，三极管主要有 NPN 型和 PNP 型两种，其电路符号及各管脚名称如图 4-10 所示，此处主要介绍 NPN 型硅管。其标号用 VT 表示，也可用 Q、V 等表示。

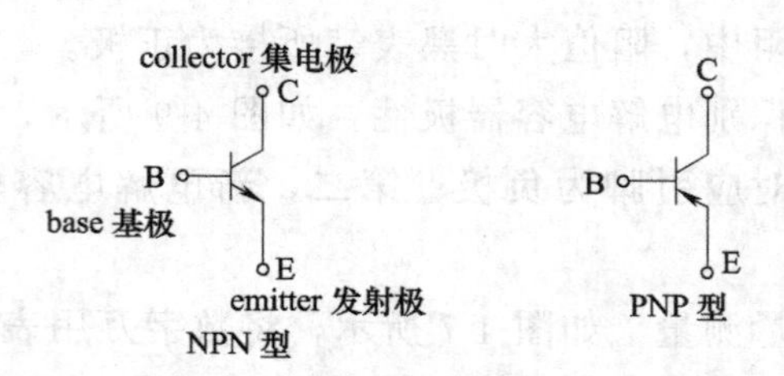

图 4-10　三极管电路符号与管脚名称

本产品所用三极管 VT 为小功率塑封外装，在电路中组成共集电极放大电路，即构成射极跟随器，对音频信号进行放大。其前级为音乐芯片输出端，即音乐从 VT_1

基极输入后，经过三极管使电流信号得以放大，用来驱动其输出端发射极所接的扬声器，使其发出放大的音乐声。

2. 主要参数

作为工程上的选择依据，三极管主要参数有电流放大系数、极间反向电流与极限参数等，其意义如表 4-10 所示。

表 4-10　三极管的主要参数符号及意义

符　号	意　义
$\beta(h_{FE})$	共发射极电流放大系数$=I_C/I_B$,大于 30 才有选择价值
f_T	特征频率。三极管共发射极运用时,β下降到 1 时所对应的频率,即三极管具备电流放大能力的极限频率
I_{CM}	集电极最大允许电流,即三极管参数变化不超过规定值时,集电极允许通过的最大电流,也即 β 值下降为最大值的 1/2 或 2/3 时的集电极电流
P_{CM}	集电极最大允许功率损耗,是由允许的最高集电结温度决定的集电极耗散功率最大值
$U_{(BR)CEO}$	基极开路时集电结不击穿,可施加在集电极-发射极间的最高电压
$U_{(BR)CBO}$	发射极开路时,集电极-基极之间的击穿电压
$U_{(BR)EBO}$	集电极开路时,发射极-基极之间的最高反向电压
I_{CBO}	发射极开路时,集电极与基极间的反向饱和电流,小功率硅管小于 1μA
I_{CEO}	基极开路时,集电极直通到发射极的穿透电流,越小越好,硅管好
$U_{CE(sat)}$	共发射极电路中,三极管处于饱和状态时,C、E 间的电压降

国内与进口常用三极管主要参数选录于表 4-11。

表 4-11　国内、外部分高频三极管主要参数

型号	材料与极性	P_{CM}/mW	I_{CM}/mA	$U_{(BR)CEO}$/V	f_T/MHz	h_{FE}
3DG9011	硅 NPN	200	20	18	100	30～200
3DG9013	硅 NPN	300	100	18	80	30～200
3DG9014	硅 NPN	300	100	20	80	30～200
3CG9012	硅 PNP	300	−100	−18	80	30～200
3CG9015	硅 PNP	300	−100	−20	80	30～200
9011	硅 NPN	400	30	25	370	40～200
9013	硅 NPN	400	100	25	120	64～202
9014	硅 NPN	310	50	18	80	60～1000
9012	硅 PNP	400	−100	−25	120	64～202
9015	硅 PNP	910	−50	−18	150	60～1000
S9011	硅 NPN	400	30	30	150	30～200

续表

型号	材料与极性	P_{CM} /mW	I_{CM} /mA	$U_{(BR)CEO}$ /V	f_T /MHz	h_{FE}
S9013	硅 NPN	625	100	20	140	60～300
S9014	硅 NPN	625	100	45	8	60～300
S9012	硅 PNP	625	−100	−20	150	60～300
S9015	硅 PNP	450	−100	−45	80	60～600
TEC9011	硅 NPN	400	50	30	100	39～198
TEC9013	硅 NPN	625	100	25	100	96～300
TEC9014	硅 NPN	450	150	50	150	60～1000
TEC9012	硅 PNP	625	−100	−25	100	96～300
TEC9015	硅 PNP	450	−150	−50	150	60～1000
3DG8050	硅 NPN	2000	1500	25	150	40～200
3CG8550	硅 PNP	2000	−1500	−25	150	40～200
S8050	硅 NPN	1000	1500	25	100	85～300
S8550	硅 PNP	1000	−1500	−25	100	85～300

工程实际运用中选择三极管时，应按电路要求，选用 NPN 型或 PNP 型管，然后抓住其主要矛盾，并兼顾次要因素，综合考虑特征频率、集电极电流、耗散功率、反向击穿电压、电流放大系数、稳定性及饱和压降等。

首先，根据电路实际工作频率范围选用低频管或高频管。低频管的特征频率 f_T 一般在 3MHz 以下，高频管可达几十兆赫、几百兆赫甚至更高。通常使 $f_T=3\sim10$ 倍工作频率，且高频管可替换低频管，但注意替换时两者功率条件应相当。

其次，根据三极管实际工作的最大集电极电流 I_{Cm}、能承受的最大管耗 P_{Cm}、电源电压 V_{CC}，选择合适的三极管。电路估算值不得超过三极管的极限参数，即要求满足 $P_{CM}>P_{Cm}$、$I_{CM}>I_{Cm}$、$U_{(BR)CEO}>V_{CC}$，且保证充分的裕量，如 1.2～2 倍。

第三，选择三极管的 β。从电流放大的需求讲，希望 β 大些好，但不是越大越好，否则易引起自激振荡，工作稳定性差，受温度影响也大。一般选 40～100 之间，但 9014 等三极管，其 β 值达数百时温度稳定性仍较好。另外，对整个电路来讲还应考虑各级匹配，前级用高 β 管，后级就用低 β 管；前级用低 β 管，后级则用高 β 管。

第四，选择管穿透电流 I_{CEO}。该值越小越好，这样可保证电路稳定性，故目前多采用硅管。

3. 管脚识别与检测

常用塑料外壳封装中小功率三极管的外形如图 4-11 所示。当将印有型号如 9013 的一面正对着观察者，三个管脚朝下时，从左到右分别为管脚 E、B、C。

还可借助万用表来判别各管脚。对于中小功率三极管，指针式万用表使用 Ω×10、Ω×100、Ω×1k 挡；1W 以上的大功率管，用前两挡较合适。

第一步 判别基极 B 与管型。将黑表笔（表内电池正极）接触某只管脚，红表

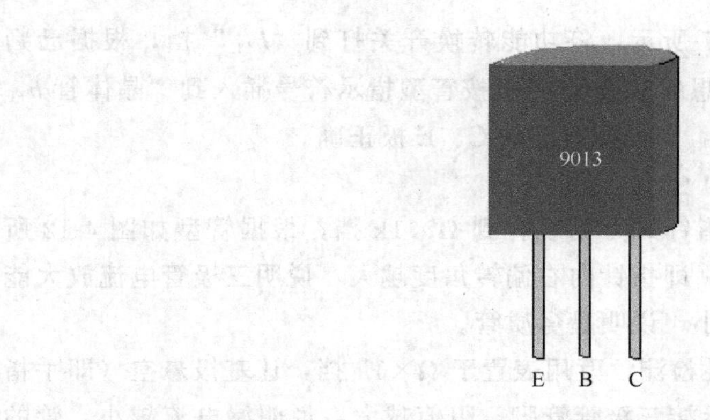

图 4-11　三极管管脚图

笔（表内电池负极）依次碰接另两只管脚，如果两次测量阻值均很小，则黑表笔所接为 B 极，该管为 NPN 型；再将红表笔接触该 B 极，黑表笔去碰接另两只管脚，如果两次阻值均很大，说明基极与管型判别正确。

将红表笔接触某只管脚，黑表笔依次碰接另两只管脚，如果两次测量阻值均很小，则红表笔所接为 B 极，该管为 PNP 型。

如果是数字万用表，如图 4-7 所示，先将功能转换开关打到“ ”挡。然后红表笔（代表＋）接触某只管脚，黑表笔（代表－）碰接另两只管脚，若两次均显示 PN 结正向压降，则红表笔所接为 B 极，该管为 NPN 型；再将黑表笔接触该 B 极，红表笔碰接另两只管脚，显示“1”，则说明基极与管型判别正确。

第二步　判别 C、E 极。以 NPN 管为例，如图 4-12（a）所示，用食指捏住 B 极与假想 C 极（但不要将两极相碰），指针式万用表黑表笔接假想 C 极，红表笔接假想 E 极，若阻值很小，则说明假设正确。PNP 管红、黑表笔接法正好相反，如图 4-12（b）所示。

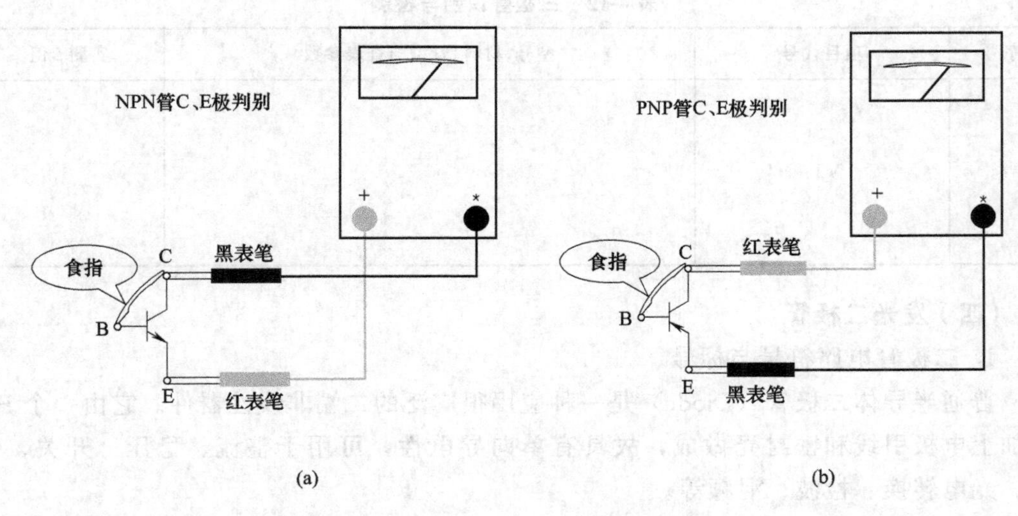

图 4-12　三极管 C、E 极判别图

如果是数字万用表，如图 4-7 所示，将功能转换开关打到“h_{FE}”挡，根据已判别出的管型，将三极管 B 极、假想的 C 极与 E 极按管型指示符号插入到“晶体管 h_{FE} 测试插座”中，若显示值大于 30，则说明假设的 C、E 极正确。

4. 参数测试

(1) 电流放大能力估测　将指针式万用表打到 Ω×1k 挡，根据管型如图 4-12 所示接好三极管，如果电阻值越小，即指针向右偏转角度越大，说明三极管电流放大能力越大；否则，向右摆动幅度太小，说明是劣质管。

(2) 穿透电流 I_{CEO} 及热稳定性检测　万用表置于 Ω×1k 挡，让基极悬空（即手指拿开），红、黑表笔如图 4-12 所示接三极管管脚，阻值越大，说明漏电流越小，管的性能越好。如图 4-6 所示，MF368 型指针式万用表还可同时从其第六条蓝色刻度线上读取该穿透电流值，未超出“LEAK”区域的管性能好。

在测试 I_{CEO} 时，如果用手捏住三极管管帽，阻值不受人体温度影响或变化不大，则该管热稳定性好；如果阻值迅速减小或电流增大，说明该管热稳定性较差。

(3) 电流放大系数测量　前面已讲述过，数字万用表的 h_{FE} 挡可完成此项测量。将三极管各管脚按管型正确插入到“晶体管 h_{FE} 测试插座”时，显示器上读数即为电流放大系数。如图 4-6 所示，MF368 型指针式万用表的 Ω×10 挡以及其右下角的“h_{FE}”插孔能共同完成此参数测量，数据从第四条（硅 Si）或第五条（锗 Ge）刻度线读取。

5. 三极管识别与检测任务

从外表识别三极管型号；通过半导体器件手册等相关书籍查阅其参数，如集电极最大允许功率损耗 P_{CM}，集电极最大允许电流 I_{CM}，基极开路时集电结不致击穿、允许施加在集电极-发射极之间的最高反向击穿电压 $U_{(BR)CEO}$，电流放大系数 β 等；判断管型与各管脚。数据填入表 4-12 中。

表 4-12　三极管识别与检测

序号	项目代号	型号、材料、管型与查表参数	实测 β 值
4	VT_1		

(四) 发光二极管

1. 二极管电路符号与标号

普通半导体二极管（Diode）是一种应用很广泛的二端非线性器件。它由一个 PN 结加上电极引线和密封壳做成，故具有单向导电性，可用于整流、稳压、开关、钳位、光电转换、检波、混频等。

普通二极管的电路符号如图 4-13（a）所示，一端称为阳极 A（Anode）或正极，

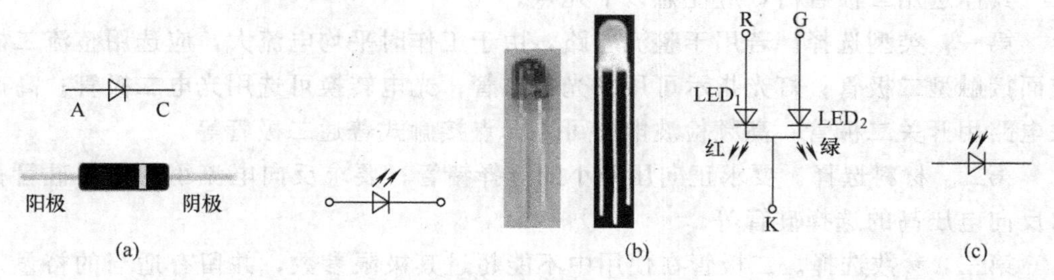

图 4-13　二极管电路符号与外形图

另一端称为阴极 C（Cathode）或负极。发光二极管是一种特殊二极管，其电路符号及外形如图 4-13（b）所示，其中两只引脚的为单色发光二极管，三只引脚的为双色发光二极管。光电二极管也是一种特殊二极管，其电路符号如图 4-13（c）所示。二极管标号用 V 或 VD 表示。

2. 二极管主要参数

二极管特性可用参数来描述，不同类型二极管的参数种类也不一样，这里主要介绍普通二极管的几个主要参数，如表 4-13 所示。

表 4-13　普通二极管的主要参数符号及意义

符　号	意　义
I_F	额定正向电流，二极管长期运行允许通过的最大正向平均电流
I_R	反向饱和电流，二极管未击穿时的反向电流值，其值会随温度上升而急剧增加，其值越小，二极管单向导电性能越好
U_F	正向压降，二极管通过额定正向电流时的电压降
U_{RM}	最高反向工作电压，允许施加在二极管两端的最大反向电压，通常等于其击穿电压的 1/2 或 2/3

工程实际运用中，一般根据电路技术要求，查阅相关半导体器件手册，选用经济、通用、市场易买到的二极管。部分二极管参数如表 4-14 所示。

表 4-14　常见塑封硅整流二极管主要参数

型号	I_F/A	I_R/μA(125℃)	U_F/V(25℃)	U_{RM}/V
1N4001	1.0	≤5.0	≤1.0	50
1N4002				100
1N4003				200
1N4004				400
1N4005				600
1N4006				800
1N4007				1000

具体选用二极管时，应注意以下几点。

第一，类型选择。若用于整流电路，由于工作时平均电流大，应选用整流二极管或面接触型二极管；灯光指示可用发光二极管；光电转换可选用光电二极管；高速开关电路用开关二极管；高频检波电路可选择点接触式普通二极管等。

第二，材料选择。要求正向压降小的选择锗管；要求反向电流小的选择硅管；要求反向电压高的选择硅管等。

第三，参数选择。二极管在使用中不能超过其极限参数，并留有适当的裕量。如在电源电路中，主要考虑 I_F 与 U_{RM} 两个参数，要求 $I_F \geqslant (2\sim3) I_{VD}$，$I_{VD}$ 为二极管在电路中的实际正向工作电流，$U_{RM} \geqslant 2\sim3$ 倍二极管实际承受反向电压。

3. 二极管极性识别与性能检测

（1）外观识别　如图 4-13（a）所示，普通二极管标有一圈的引脚为阴极。如图 4-13（b）所示，单色发光二极管引脚线长的为阳极。共阴极红、绿双色发光二极管两端引脚为红色 R、绿色 G，中间是阴极。共阳极红、黄双色发光二极管中间引脚为阳极，两端引脚为红色 R、黄色 Y。

（2）用指针式万用表识别与检测　小功率普通二极管可选用 Ω×10、Ω×100、Ω×1k 挡，发光二极管用 MF368 型的 Ω×10 挡效果明显，MF500 型则用 Ω×10k 挡才有微弱反应。

二极管加正向偏置电压时导通，正向电阻小，有正向电流，管压降小；反向偏置时截止，反向电阻大，没有或几乎没有反向电流。

利用二极管的单向导电性特点可识别引脚，即用红、黑表笔接触二极管的两只引脚测量阻值，再对调表笔测量阻值，两次测量中，阻值小的那次即正向电阻，黑表笔所接为阳极。如果用 MF368 型万用表，此状态下还可从第六条 LI 刻度线读取正向电流，从第七条 LV 刻度线读取正向电压，而阻值大的那次为反向电阻。

二极管的性能与材料也可从正、反向电阻值中判断。反、正向电阻比值≥100，表明二极管性能良好；反、正向电阻比值为几十甚至几倍，则为劣质管不宜使用；正、反向电阻均为无穷大或都是零，说明二极管内部断路或已被击穿短路。如果用 Ω×1k 挡测量，硅二极管的正向电阻为几千欧，锗管为几百欧。

性能好的发光二极管测量时，正向电阻小且发光指示，反向电阻趋近∞；只有小正向电阻值但不发光的不能使用。其余性能判断方法同普通二极管。

（3）用数字万用表识别与检测　数字万用表打到“—▶|— •)))”挡，红、黑表笔接触二极管两引脚，当显示电压降为 0.5～0.7V 时（有些数字万用表显示电压值单位为毫伏），红表笔所接为阳极，此值即为二极管正向电压；调换表笔测量显示超量限“1”。有些数字万用表显示无穷大“OL”，此为反向测量状态。

如果正向电压很大，说明管内部开路；若反向测量有电压指示且很小，表示二极管内部短路。

发光二极管测量时，其正向电压大于 1V 且发光；其余判断同前。

4. 普通二极管识别与检测任务

取一只 1N4001 二极管，按表 4-15 完成识别与检测任务，并分析指针式万用表测量数据。

表 4-15　二极管识别与检测

表名称	所用挡位	正向电阻/Ω	正向电压/V	正向电流/mA	反向电阻/Ω
指针式万用表	Ω×10				
	Ω×100				
	Ω×1k				
数字表		/		/	

5. 发光二极管特点

发光二极管简称 LED（Light Emitting Diode），是一种通以一定大小的正向电流就会发光的二极管。它用某些自由电子和空穴复合时就会产生光辐射的半导体材料制成，如磷化镓（GaP）或磷砷化镓（GaAsP）等，可发出红、橙、黄、绿（又细分黄绿、标准绿和纯绿）、蓝等光线。

发光二极管具有功耗低、体积小、色彩艳丽、响应速度快、抗振动、寿命长等优点，广泛用于音响、电源等电子产品中的指示器。

6. 发光二极管分类

按发光种类分有单色、高亮度、变色（含双色、三色、多色）、电压控制型、闪烁、红外、负阻型等。按发光管出光面特征分圆灯、方灯、矩形灯、面发光管、侧向管、表面安装用微型管等。圆形灯按直径分为 ϕ2mm、ϕ4.4mm、ϕ5mm、ϕ8mm、ϕ10mm 及 ϕ20mm 等，常用为 ϕ3mm，ϕ5mm 两种。国外通常把 ϕ3mm 的发光二极管记作 T-1，把 ϕ5mm 的记作 T-1(3/4)。

7. 发光二极管参数

(1) 极限参数

允许功耗 P_M：允许加于 LED 两端的正向直流电压与流过它的电流之积的最大值。超过此值，LED 发热、损坏。

最大正向直流电流 I_{FM}：允许加的最大正向直流电流。超过此值可损坏二极管。

最大反向电压 U_{RM}：允许加的最大反向电压。超过此值，发光二极管可能被击穿损坏。

工作环境 T_{OPM}：发光二极管可正常工作的环境温度范围。低于或高于此温度范围，发光二极管将不能正常工作，效率大大降低。

(2) 电参数

正向工作电流 I_F：它是指发光二极管正常发光时的正向电流值。在实际使用中应根据需要选择 $I_F \leqslant 0.6 I_{FM}$。

正向工作电压 U_F：参数表中给出的工作电压是在给定的正向电流下得到的。一

般是在 $I_F=20mA$ 时测得。发光二极管正向工作电压 $U_F=1.4\sim3V$。外界温度升高时，U_F 将下降。

8. 发光二极管识别与检测任务

发光二极管的伏安特性与普通二极管相似，在正向电压小于阈值电压时，电流极小，不发光；当电压超过阈值电压后，正向电流随电压迅速增加，发光。

发光二极管工作电流通常为几毫安至几十毫安，典型工作电流为10mA左右，电流太大将烧坏发光二极管。反向漏电流 $I_R<10\mu A$。反向击穿电压一般大于5V，故为使器件稳定可靠工作，应使其工作电压在5V以下。

本产品中，有红、黄、绿各四只 $\phi5mm$ 圆形发光二极管，当闪光飘动芯片从L1～L6端经接口JC1、JZ1分时送出低电平信号时，12只二极管两两一组将依次发光。

用万用表合适挡位识别发光二极管极性，检测其质量，数据填入表4-16。

表4-16　发光二极管识别与检测

序号	项目代号	名称与规格	所用挡位	正向电阻/Ω	正向电流/mA	正向电压/V	反向电阻/Ω
5	VD_1，VD_4，VD_7，VD_{10}						
	VD_2，VD_5，VD_8，VD_{11}						
	VD_3，VD_6，VD_9，VD_{12}						

（五）扬声器1个（Y，序号8）

扬声器是一种利用电磁感应、静电感应、压电效应等，将电信号变成相应声音信号的换能器，俗称喇叭或受话器。耳机也属扬声器。

按电声换能方式不同，分为电动式、压电式、电磁式等几种。电动式扬声器频响效果好、音质柔和、低音丰富，故应用最广泛。压电式扬声器即晶体式的蜂鸣器，常用于电话、报警器电路中。电磁式扬声器频响较窄，故使用率很低。

电动式扬声器又可按口径尺寸分类。口径越小的扬声器，纸盆越硬而轻，高频响应越好；口径越大的扬声器，纸盆越软而重，低频响应越好。

本产品所用为口径 $\phi29mm$、电动式纸盆圆形扬声器。用指针式万用表Ω×1挡，红、黑表笔轻接触扬声器的两个端子，从声音与数值两方面检测音质性能。断路或短路的扬声器不可用。

注意　检测时速度要快，且不可反复去测量，以免损坏。

（六）开关2个

1. 拨动开关1个（K，序号7）

用万用表Ω×1挡检测，开关朝哪边拨，则靠近其的两个触点应导通。

2. 按钮开关1个（SB，序号9）

本产品所用按钮开关不带自锁，即每按一次开关使两个触点作瞬间短路，故用万用表 Ω×1 挡检测，按下时导通，松开时断开。

三、印制电路板装配

（一）装配说明

① 跳线与分立元器件均在 A 面安装，B 面焊接，而环氧树脂制成的两块芯片已封装在 B 面。

② 为防止损坏环氧树脂芯片，电烙铁外壳必须要有良好的接地装置。如无接地保护，也可拔去电烙铁电源插头，利用余热焊接，这样可避免芯片被外界感应电场击穿。

③ 焊接时在电路板或元器件上停留时间应尽可能短，如扬声器的两个接点不宜高温，以免烫坏。

④ 残余助焊剂应清理干净。

（二）装配流程

① 序号 1：焊接 J_1～J_8、J_{10}、J_{11} 跳线。**注意**焊锡量适当，不要影响其旁边的焊孔。图 4-14（a）为 A 面装配效果图，图 4-14（b）为 B 面焊接效果图。

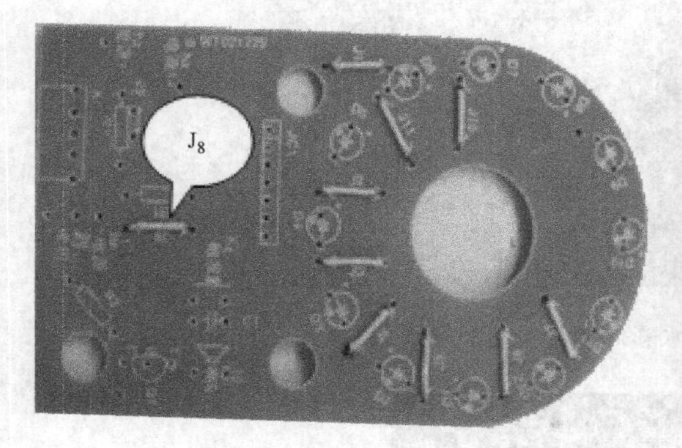

(a) A面装配效果图

(b) B面焊接效果图

图 4-14　循环音乐、流水彩灯装配序号 1 效果图

② 序号 2：R_1～R_3，卧装。如果想调试彩灯闪烁频率、音乐播放速度，则先焊 R_3，而 R_1、R_2 用插针搭成测试架焊接，便于测试时拆卸调换其参数。**注意**装配焊接高度不能超过外壳。

③ 序号 3：C_1，立装。**注意**不要堵住其旁边的焊孔。

④ 序号 4：VT，立装。**注意**安装高度，并正确插入管脚。

⑤ 序号 5：VD_1～VD_{12}，立装。**注意**极性，正确插入印制电路板。套上前面壳，使发光二极管全部顶出再焊。焊锡量适当，不要影响其旁边已焊好的焊孔。

⑥ 序号 6：QC（质量控制），检查已焊元器件的安装位置与焊接质量，尤其用指

针式万用表合适挡位检测发光二极管应同色成对发光，如 VD_1 与 VD_7 同时发光。

⑦ 序号 7：拨动开关 K。注意压紧，先焊两个外侧脚进行固定。

⑧ 序号 8：扬声器 Y。处理好两根短细多芯线，然后焊到对应接点。总装时装入前面壳。

⑨ 序号 9：按钮 SB。处理两根较长的细多芯线，将两根线头一端与印制板对应焊点相连，另一端待总装时从外壳后盖烫一个洞钻出，再与按钮连接。

⑩ 序号 10：电池盒，红线→电源＋，黑线→电源－。

⑪ 序号 11：总装。用电烙铁烫熔塑料柱，将扬声器固定；将塑料前、后外壳用四个自攻螺钉固定；装好两节 5 号 1.5V 电池，固定电池后盖。

印制电路板上元器件装配效果见图 4-15，总装后效果见图 4-16。

图 4-15　循环音乐、流水彩灯印制板装配效果图

图 4-16　循环音乐、流水彩灯总装效果图

四、功能测试

（一）彩灯闪烁测试

闭合电源开关，即拨动开关K，红、黄、绿三种颜色轮流，共12只发光二极管正常工作，彩灯像流水般循环闪烁一段时间。

（二）音乐播放测试

按下红色按钮开关SB，第一首乐曲响起；再按SB，响另一首乐曲。

（三）音乐循环测试

待前一首音乐停止，再按红色按钮SB，将播放下一首乐曲；每按一次，又响一首，共有12首乐曲依次轮流播放。

（四）波形观察

① 当乐曲响起时，用示波器观察扬声器Y的波形，描绘其形状，并记录频率与幅值。

② 改变电阻器 R_2 阻值大小，注意乐曲速度变化情况，并观察扬声器波形变化。

③ 改变电阻器 R_1 阻值大小，观察灯光闪动速度变化情况，并观察扬声器波形是否变化。

学习情境五　电子门铃制作与调试

【实训目标】

1. 掌握安全用电与安全文明生产管理技能。
2. 提高按模块识读模拟电子线路原理图的能力。
3. 掌握常用电子元器件识别、检测、参数匹配并编制元器件清单的技能。
4. 掌握印制电路板图设计或面包板元器件布置图设计的技能。
5. 掌握手工焊接技能或元器件搭接技能。
6. 掌握电子线路制作、测量与调试技能。
7. 掌握用静态、动态工作法判断与排除电路故障技能。
8. 掌握仪器、仪表使用与维护的技能。
9. 熟悉万用表各挡性能与检测技能。
10. 熟悉仿真软件测量、调试与故障处理技能。
11. 加强团队合作意识，培养团队合作能力。
12. 培养信息选择、观察与逻辑推理、语言表达、持续学习等能力。

一、原理图识读

如图 5-1 所示，三极管 VT_1、VT_2 为主的元器件构成多谐振荡器，输出对称振荡方波，送给其后的放大电路；VT_3、VT_4 构成 NPN 型复合放大管，与其周边元件组成共集电极放大电路，即射极跟随器输出的信号驱动扬声器发出相应频率、音量的声音。

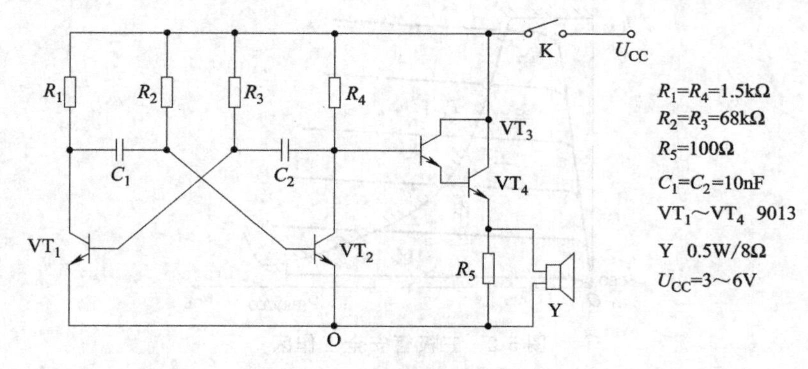

图 5-1 电子门铃原理图

二、元器件识别与检测

（一）色环电阻器

通过色环识别标称阻值、允许误差；通过体积大小识别其额定功率值；用万用表合适挡位检测各电阻值，并进行 R_1 与 R_4、R_2 与 R_3 参数匹配。

（二）瓷介电容器

通过电容器表面标志的数字识别电容量；用指针式万用表合适挡位检测其质量好坏，注意短路或断路的电容器不可使用；用数字万用表合适挡位测量其电容量以达到参数匹配。

（三）电动式扬声器

通过铭牌标志识别扬声器（俗称喇叭）的标称功率与额定阻抗两项电声参数。扬声器的标称功率是指长时间工作时所输出的电功率，扬声器在此功率下能达到最佳工作状态。额定阻抗是指其交流阻抗值，它随测试频率的不同而不一样，一般对口径小于 ϕ90mm 的扬声器测试频率为 100Hz。

用万用表合适挡位检测其音质性能。表笔一触碰扬声器两引脚，就应听到"喀喇"声，越清脆、干净，说明音质越好；如果碰触时万用表指针没有摆动，说明扬声器音圈内部或音圈引出线断路；如果仅有指针摆动但没有"喀喇"声，则表明扬声器音圈有短路现象。

断路或短路的扬声器不可用。**注意**检测时速度要快，且不可反复去测量，以免损坏扬声器。

（四）三极管

从外表识别三极管型号，并通过半导体器件手册等相关书籍查得其在工程选用过程中依据的参数，如电流放大系数 β，集电极最大允许电流 I_{CM}，集电极最大允许功率损耗 P_{CM}，基极开路时集电结不致击穿、允许施加在集电极-发射极之间的最高电压 $U_{(BR)CEO}$。

上述参数中 I_{CM}、P_{CM}、$U_{(BR)CEO}$ 称之为极限参数，根据其可确定三极管的安全工作区，如图 5-2 所示。三极管必须工作在安全区内，并留有一定的裕量。

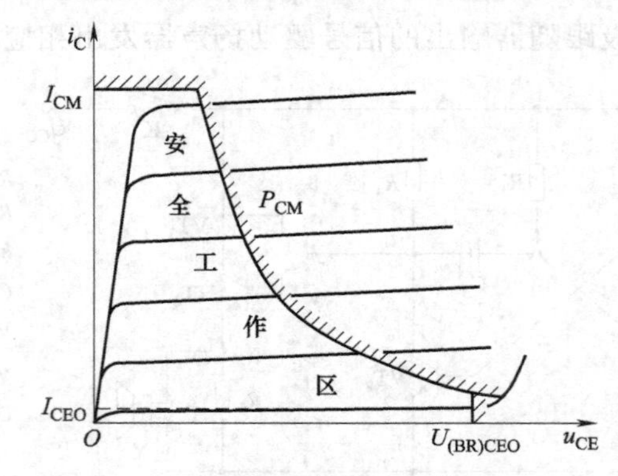

图 5-2　三极管安全工作区

1. 管型与基极 B 判断

一般情况下，在检测小功率三极管时，不要选用指针式万用表的 Ω×1 或 Ω×10k 挡，以免大电流或高电压损坏三极管。

选用万用表合适挡位，将黑表笔放在某只管脚上不动，红表笔依次去碰接另两只管脚，如果两次测量阻值均很小，而对换表笔测得两次阻值均很大，则黑表笔所接端子为 B 极，且该管为 NPN 管。

2. β 值测定及判定集电极 C、发射极 E

① 将指针式万用表打到 h_{FE} 挡，电调零。

② 将 B 极插入到对应管型座 B 孔里。

③ 将假想的 E、C 极插入到 E、C 两孔中。

④ 如果所测 β 值很小，则假想 E、C 极错误；调换一次进行测试后读取 β 值。

⑤ 如果所测数值较大，则读取 β 值，且假想 E、C 极正确。

3. β 值检测表

结合本产品工作需要，VT_1 与 VT_2 的参数应尽量做到匹配一致才能得到对称的振荡波形。对整个电路来说，应从各级的配合来选择 β，例如前级用低 β，后级就用高 β 的管子；或者反之前级用高 β，后级就用低 β 的管子。按要求选好各管，数据填入表 5-1。

表 5-1　β 值检测数据表

三极管	VT_1	VT_2	VT_3	VT_4
β				

三、元器件清单编制

结合原理图及对实际元器件的识别，编制元器件清单，填入表 5-2。

表 5-2　电子门铃元器件清单表

序号	项目代号	元器件名称	型号或参数
1			
2			
3			
4			
5			
6			
7			
8			

四、面包板元器件布置图设计与绘制

（一）设计原则

① 充分利用面包板特性。

② 在正确连接电路的前提下，尽量做到元器件布局合理、规范、工艺美观，导线连接简练、距离短、不转弯、不交叉。

③ 设计应考虑到后续测试工作的方便性。

（二）设计步骤

① 用万用表合适挡位检测如图 5-3 的面包板特性，尤其注意哪些点连通，哪些点不连通。

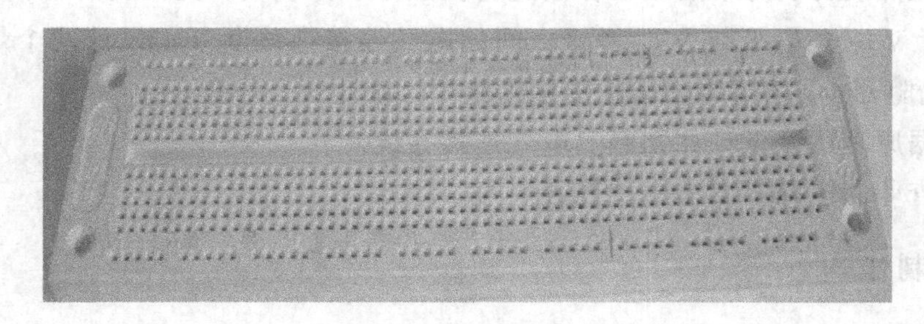

图 5-3　面包板

② 将原理图中各元器件电路符号与实际元器件一一对应起来，根据各元器件体积大小、外封装形式等合理安排其摆放位置、方向、管脚间跨距等。

③ 绘制元器件电路符号，并标注其项目代号。其中，三极管可不画电路符号，用一个圆将三个管脚所在位置圈住，并标注管脚名称 E、B、C。

④ 根据原理图正确布局，设计与绘制各元器件间的电气连接导线，并预留好电流测量点。

⑤ 核查面包板元器件布置图所有内容。

五、印制电路板图设计与绘制

（一）设计原则

① 所用敷铜板面积尽可能小，以降低制作成本。

② 元器件最好均匀排列，不要浪费空间。

③ 元器件尽量横平竖直排列。

④ 连线之间或转角必须≥90°。

⑤ 走线尽可能短，尽可能少转弯。

⑥ 安装面（A面）元器件不允许架桥，焊接面（B面）走线不允许交叉。对于可能交叉的线条，可让某引线从别的元器件管脚下的空隙处“钻”过去；或从可能交叉的某条线一端“绕”过去。复杂电路可在A面用导线跨接来处理。

⑦ 三极管三只管脚的排列应遵循其本来的封装结构，安排在同一排或同一列，且端子相互之间不要留空焊盘。

⑧ 微动按钮开关共四只脚，应为其设计四个焊盘，但其中只有两个与电路相连接，另两个为空焊盘。

（二）设计与绘制步骤

① 初步定好印制电路板的面积。

② 预留一定的边框裕量。

③ 根据实际尺寸，将所有元器件管脚所占用的焊盘合理布置好，画出各元器件电路符号，标清楚其项目代号。三极管电路符号可不画，但应标注清楚每个三极管的管脚名称。

④ 测试点设计要方便后续工作的进行。如为了分模块研究门铃产品的工作状态，可将三极管 VT_2 集电极与 VT_3 基极之间的电气连接导线断开，设计两个焊盘；VT_4 发射极与电阻器 R_5 之间的电气连接导线断开，设计两个焊盘。

⑤ 根据原理图及设计原则画出电气连接导线。

⑥ 核查印制电路板图中各项内容。

六、电路制作

（一）方案一：用面包板制作

按照设计好的面包板元器件布置图搭接所有的元器件及其连接导线，并用万用表合适挡位仔细检查线路与元器件是否接通，是否连接正确。

（二）方案二：用万能板制作

合理安排电气与机械部分的制作流程，先钻电池盒安装孔，后电气装配。电气制作环节中，按照设计好的印制电路板图在万能板上焊接所有的元器件及其电气连接导线。**注意**先安装高度矮、体积小、重量轻或布局在板中间的元器件。

为了后续测量与调试工作的方便，R_2 和 R_3 的四个焊盘、Y的两个焊盘、电源正负极的两个焊盘中焊8根跳针，将 R_2、R_3 焊在其对应跳针上。扬声器Y先不接，等通电调试正常后再接。VT_2 集电极C与 VT_3 基极B之间两个用于测试的焊盘焊2根跳针，焊接面两焊盘之间断开，安装面用短路帽连接。同理，VT_4 发射极E与电阻器 R_5 之间两个用于测试的焊盘焊2根跳针，用短路帽连接。

七、电路调试与测试

（一）电路通电前检查工作

① 用指针式万用表或数字万用表合适电阻挡位，检查电路所有元器件与电气导线是否都正确连接。

② 用指针式万用表的合适电阻挡位，测量门铃产品接正负电源的两端子之间电阻为______Ω，为 0 及∞的不能通电，需查找故障。

（二）电路通电前准备工作

① 观察直流稳压电源铭牌数据，记录其型号、电压调节范围与电流负载能力。

② 直流稳压电源通电，观察并学习各个旋钮的名称与功能。

③ 将直流稳压电源电压输出调至 3V，并用指针式万用表或数字万用表合适直流电压挡位进行校验；将电源的电流负载能力调至最大；断电。

（三）电路调试与静态工作点测试

① 将指针式万用表和数字万用表分别调至直流电流合适挡位，在开关 K 位置依次将其与直流稳压电源的正、负极正确串入电子门铃电路中，如图 5-4 所示。

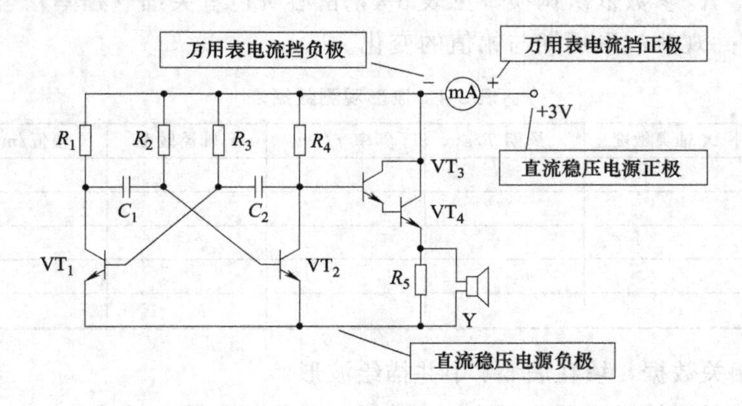

图 5-4　静态工作电流测试电路

② 通电，迅速观测静态工作电流读数 $I=$____ mA。如果数值小于满偏值，进行下一步操作；否则断电进行故障排查。

③ 撤掉万用表，将喇叭焊在其对应测试点上，并用黄蜡管绝缘。按按钮听声音，如正常，则断掉一根线后，做下一步测试；如不正常，则断电进行故障排查。

④ 将直流稳压电源正、负极直接接至电子门铃电路的正、负极测试点上。

⑤ 测量三极管 VT_3 基极电流 $I_{B3}=$______ μA，VT_4 发射极电流 $I_{E4}=$______ mA，将数据进行处理，结合原理图分析并得出结论。

⑥ 将指针式万用表调至直流电压合适挡位，测量三极管 VT_1～VT_4 各管脚分别与电源负极端子间的电压，填写在表 5-3 的第 2～4 列中。

⑦ 将直流稳压电源输出调至 4.5V，即门铃工作电压变为 4.5V，用数字万用表直流电压合适挡位测另一组静态工作电压，填写在表 5-3 的第 5～7 列中。

表 5-3 静态工作电压表

三极管	U_{BO}/V	U_{EO}/V	U_{CO}/V	U_{BO}/V	U_{EO}/V	U_{CO}/V
VT_1						
VT_2						
VT_3						
VT_4						

⑧ 观察表 5-3 数据，看能得出什么结论？再结合电子门铃原理图，进行相应电路分析，以提高对电路原理图的理解能力。

（四）波形周期与幅值观测

① 观察并学习示波器各旋钮的名称与功能，记录其型号与工作频率范围。

② 调节出亮度适中、清晰、稳定且粗细合适的水平基线。

③ 将示波器探头接在其自校波形输出座上，选择合适的 X 轴灵敏度与 Y 轴灵敏度，观测本机方波，读出周期 T 与幅值，看是否正确。

④ 将示波器探头接在扬声器输出端，并选择合适的 X 轴、Y 轴灵敏度。

⑤ 将 R_2、R_3 参数依次调换，见表 5-4，留心听声音尖细（频率）、音量大小（幅值）的变化，并观测波形周期与幅值的变化。

表 5-4 波形观测数据表

R_2,R_3 阻值	X 轴灵敏度	周期 T/s	频率 f/Hz	Y 轴灵敏度	幅值/mV	声音
6.8kΩ						
30kΩ						
68kΩ						
82kΩ						
150kΩ						

⑥ 记录相关数据，填在表 5-4 中并描绘波形。

⑦ 结合电子门铃原理图分析表 5-4 数据，看能得出什么结论？

⑧ 将示波器的两根探头分别接至 VT_1 与 VT_2 集电极，观察其波形的周期与幅值，结合原理图分析并得出相应结论。

⑨ 将 VT_2 集电极与 VT_3 基极之间的电气连接导线（即短路帽）断开，用一根软导线将 VT_1 集电极连接至 VT_3 基极。

⑩ 观察扬声器波形的周期与幅值，与表 5-4 参数进行比较，结合原理图分析并得出相应结论。

（五）波形频率测量

① 将数字万用表调整到频率量程的合适挡位，两表笔接在扬声器输出端。当 R_2、R_3 为不同阻值时，读取传送给扬声器波形的频率。

② 将信号发生器/频率计的“外（测）”开关按入，信号由“计数/频率”端子输入，选择合适的频率范围按键，测试线接在扬声器输出端。当 R_2、R_3 为不同阻值时，读取传送给扬声器波形的频率。

③ 将示波器、数字万用表、信号发生器所测扬声器波形频率填入表 5-5。

表 5-5 扬声器波形频率测量表

R_2,R_3 阻值	示波器测量频率/Hz	数字万用表测量频率/Hz	频率计测量频率/Hz
6.8kΩ			
30kΩ			
68kΩ			
82kΩ			
150kΩ			

八、仿真软件调试、测量与故障模拟

(一) 调试

① 安装 EWB 仿真软件：打开 EWB 512 文件夹，双击 图标，根据提示进行安装。

② 启动 EWB 仿真软件：双击 图标，打开该应用程序，呈现一未命名 (Untitled) 新文件，如图 5-5 所示。

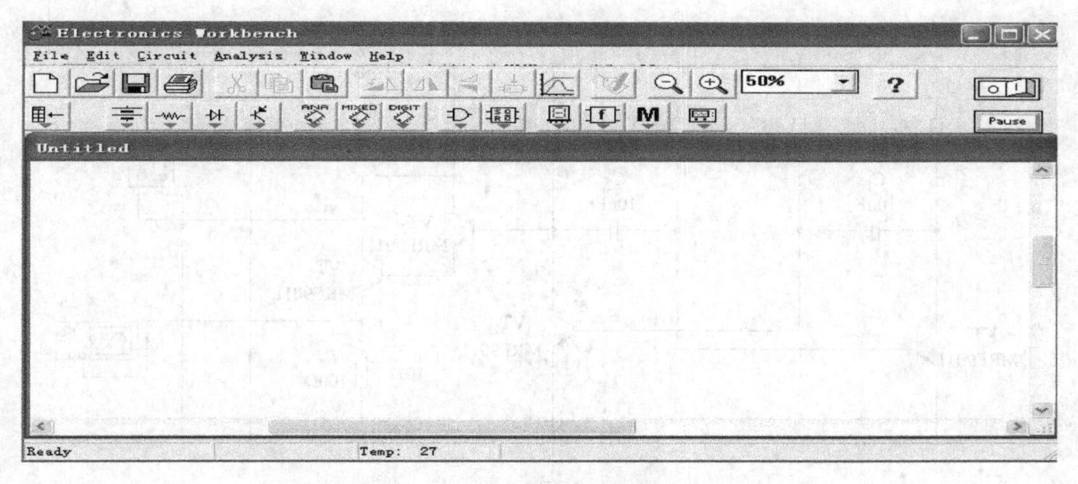

图 5-5 EWB 仿真软件打开界面

③ 将该新文件命名为 Doorbell. EWB，并单击相应图标，熟悉常用元器件、仪表、仪器所在库，如图 5-6 所示。

④ 选择相应元器件，根据图 5-1 绘制电子门铃仿真原理图，其中三极管 9014 用 motorol3 库中的 MRF9011 替代，并将虚拟数字电流表、数字万用表、示波器等仪表、仪器接入，如图 5-7 所示。

(二) 测量

1. 静态工作电流测量

(1) 电流表测量 如图 5-7 所示，将开关 K 处于断开状态，串联接入虚拟数字直流电流表 A。启动 图标，该仪表将有毫安级电流跳变显示；待数字接近于稳定

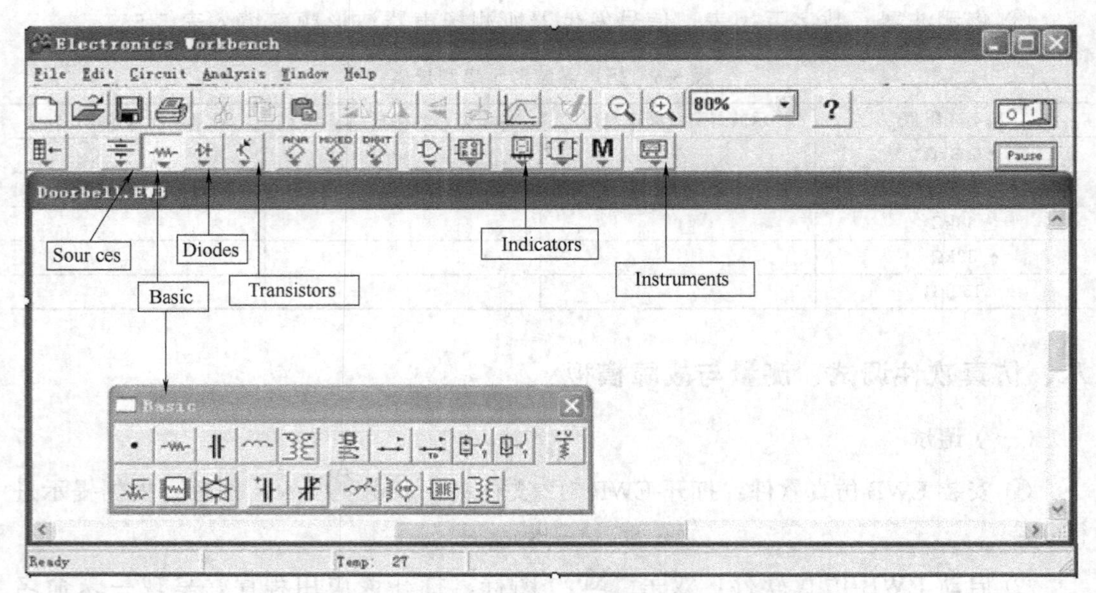

图 5-6　EWB 仿真软件元器件、仪表、仪器库名称

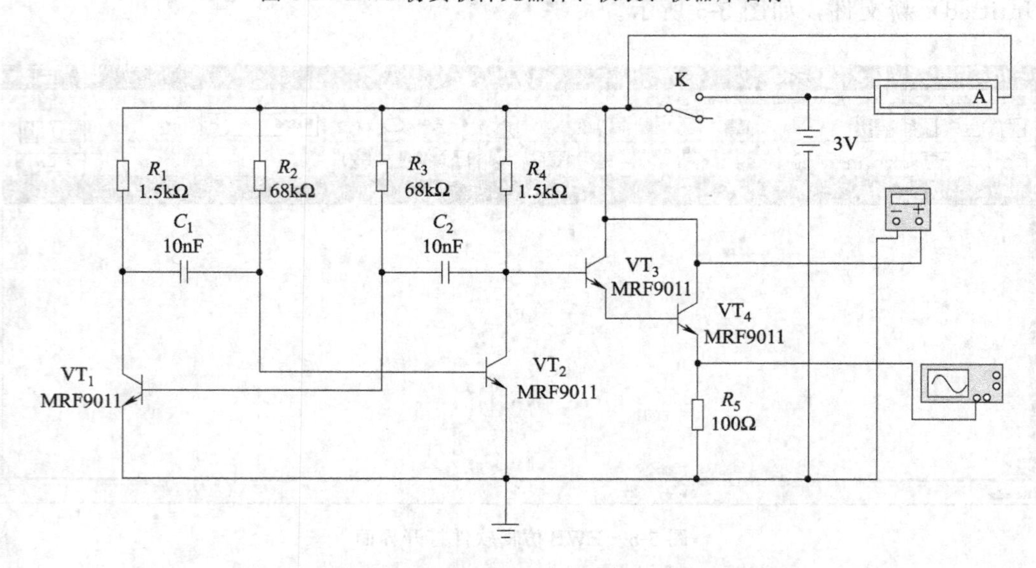

图 5-7　电子门铃仿真原理图、虚拟仪表与仪器接线图

时，单击 Pause 图标，则数字被锁定，且该图标变为 Resume，如图 5-8 所示，此时，读取电流数值 I。

（2）万用表测量　用虚拟数字万用表替代直流电流表 A 的位置，并选择直流电流挡。启动 图标，将电流值记入表 5-6。

2. 静态工作电压测量

① 按 Space 键，将开关 K 闭合。

② 数字万用表测量：双击虚拟数字万用表 图标，打开其显示窗口，如图 5-8

表 5-6 门铃静态工作电流表

电流 /mA	真实指针式万用表测量	真实数字万用表测量	虚拟数字直流电流表测量	虚拟数字万用表测量
I				

所示；按表 5-3 要求，将万用表两表笔依次正确接到对应测量点上，完成第 2～第 4 列数据。

③ 电压表测量：双击仿真图中的电源符号，将门铃电路电源电压改为 4.5V，用虚拟数字直流电压表替代万用表，按表 5-3 要求，完成第 5～7 列数据。

3. 输出波形周期与幅值观测

① 如图 5-7 所示，将虚拟示波器接入。双击图标，打开其波形展示窗口。启动图标，将有波形出现，如图 5-8 所示。

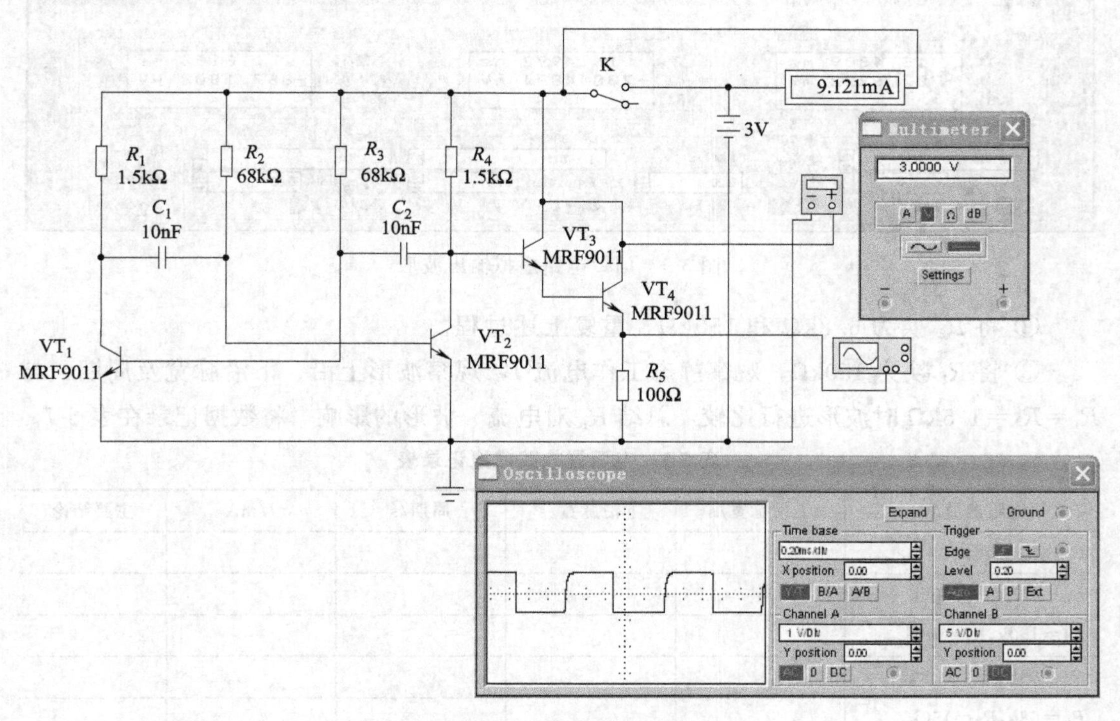

图 5-8 电子门铃仿真软件测量图

② 单击 Expand 按钮，出现波形放大窗口，如图 5-9 所示。

③ 按表 5-4 要求，移动虚拟示波器指针，读取各项数据，并描绘波形。

（三）故障模拟

1. 电阻器故障

① 将 R_2 依次改为 6.8kΩ 和 150kΩ，待数值稳定时观察静态工作电流 I，观察两次波形的上沿、下沿脉宽与周期。与 $R_2=R_3=68\text{k}\Omega$ 时的波形进行比较，总结 R_2 对电流、波形的影响，将数据记录在表 5-7 中。

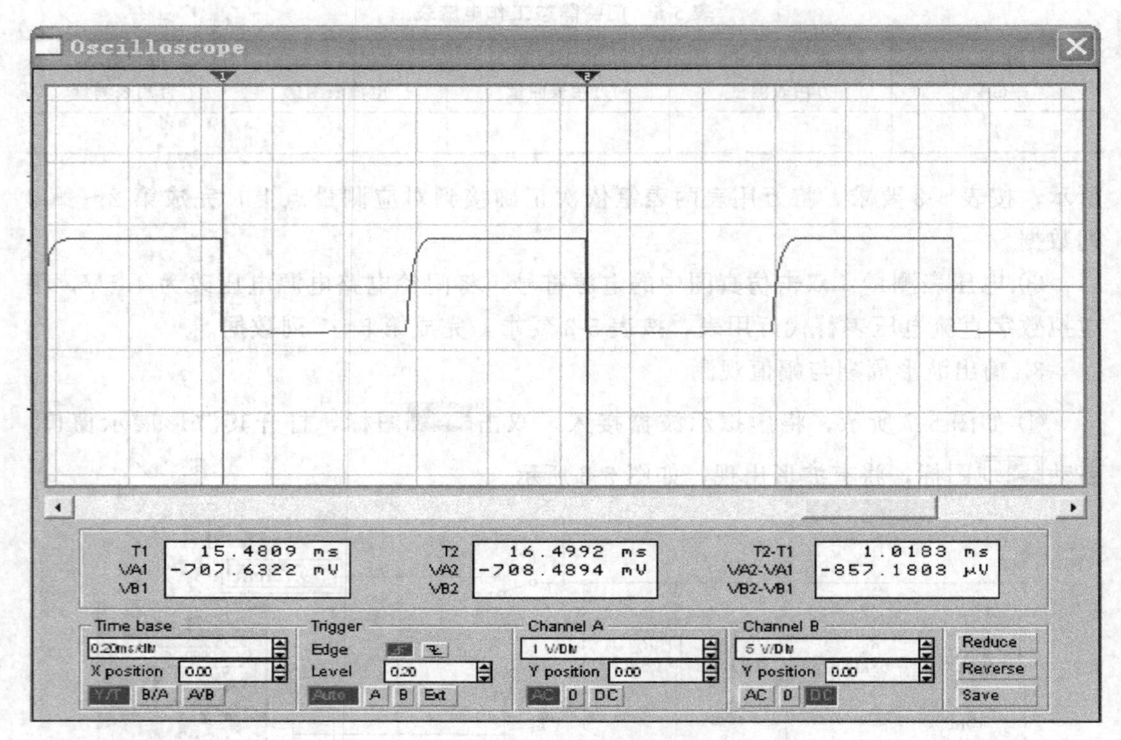

图 5-9　门铃电路虚拟输出波形

② 将 R_3 换为 6.8kΩ 和 150kΩ，重复上述过程。

③ 将 R_1 换为 150kΩ，观察静态工作电流 I，观察波形上沿、下沿脉宽及周期，与 $R_1=R_4=1.5$kΩ 时波形进行比较，总结 R_1 对电流、波形的影响，将数据记录在表 5-7。

表 5-7　电阻器故障模拟记录表

电阻器值/Ω	上沿脉宽/s	下沿脉宽/s	周期/s	I/mA	主要结论
$R_2=R_3=68$k					
$R_2=6.8$k,$R_3=68$k					
$R_2=150$k,$R_3=68$k					
$R_2=68$k,$R_3=6.8$k					
$R_2=68$k,$R_3=150$k					
$R_1=R_4=1.5$k					
$R_1=150$k,$R_4=1.5$k					
$R_1=1.5$k,$R_4=15$k					
$R_5=0$					
$R_5=\infty$					

④ 将 R_4 换为 15kΩ，重复上述过程。

⑤ 将 R_5 短路、开路，重复上述过程。

2. 电容器故障

① 将 C_1 短路、开路，观察波形与静态工作电流 I，记录于表 5-8。

表 5-8　电容器故障模拟记录表

电容器故障	C_1 短路	C_1 开路	C_2 短路	C_2 开路
波形形状 I/mA				

② 将 C_2 短路、开路，重复上述过程。

3. 三极管故障

① VT_1、VT_2、VT_3、VT_4 基极依次断开，观察波形与静态电流 I，记录于表 5-9。

表 5-9　三极管开路故障模拟记录表

三极管开路	VT_1			VT_2			VT_3			VT_4		
	B	C	E	B	C	E	B	C	E	B	C	E
波形 I/mA												

② VT_1、VT_2、VT_3、VT_4 集电极依次断开，重复上述过程。

③ VT_1、VT_2、VT_3、VT_4 发射极依次断开，重复上述过程。

④ VT_1、VT_2、VT_3、VT_4 依次短路，观察波形与静态工作电流 I，记录于表 5-10。

表 5-10　三极管短路故障模拟记录表

三极管短路	VT_1	VT_2	VT_3	VT_4
波形 I/mA				

⑤ VT_1、VT_2、VT_3、VT_4 的 C、E 极分别接反，观察波形与静态工作电流 I，记录于表 5-11。

表 5-11　三极管管脚接错故障模拟记录表

管脚接错故障	VT_1 C、E 极接反	VT_2 C、E 极接反	VT_3 C、E 极接反	VT_4 C、E 极接反
波形 I/mA				

学习情境六　助听器制作与调试

【实训目标】

1. 掌握安全用电与安全文明生产管理技能。
2. 熟悉音频信号特点，掌握多级放大电路组成的电子产品原理图识读能力。
3. 掌握电子元器件包括电声器件的识别与检测技能。
4. 掌握手工焊接技能，掌握电子产品装配工艺、装配与测试技能。
5. 掌握级联电路故障诊断与排除技能。
6. 掌握仪器与仪表综合使用技能。
7. 掌握仿真软件测量、调试级联电路与处理电路故障的技能。
8. 培养专业兴趣，训练团队合作意识，培养语言表达、与人沟通的能力。
9. 培养信息获取与选择、目标制定与执行、观察与逻辑推理能力。

一、原理图识读

图 6-1 中，三极管 VT_1、VT_2、VT_3 组成三级共发射极组态音频放大电路，其中第一级、第二级与前级之间采用阻容耦合方式连接，使各级静态工作点互相不受影响，只有交流信号被传输并放大。而且，前两级为电压并联负反馈电路，能起到稳定静态工作点的作用。以第一级为例，$U_{CE1}\uparrow \rightarrow U_{R2}\uparrow \rightarrow I_{B1}\uparrow \rightarrow I_{C1}\uparrow \rightarrow U_{Rp}\uparrow \rightarrow U_{CE1}\downarrow$，反之亦然。

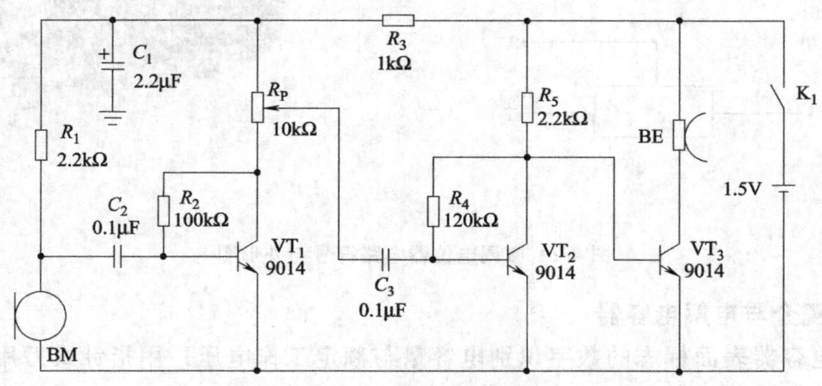

图 6-1　助听器原理图

使用时对着话筒 BM 轻轻发出声音，则微弱的声音信号由话筒变成电信号，经过音频放大电路多级放大，最后从耳机 BE 中能听到放大的声音。交流信号通路为：轻轻的声音→小话筒 BM →微弱电信号→C_2 →VT_1 第一级↑→C_3→VT_2 第二级↑→VT_3 第三级↑→BE 获得放大的声音。

二、元器件识别与检测

（一）色环电阻器

通过色环识别标称值，通过体积识别额定功率，再用万用表合适挡位检测各电阻值，对应将各项数据填入表 6-1。

表 6-1　电阻器识别与检测

序号	项目代号	色环	标称值/Ω	额定功率/W	所用挡位	实测阻值/Ω
1	R_1，R_5					
2	R_2					
3	R_3					
4	R_4					

（二）微调电位器

微调电位器是可以自由调节电阻值的半固定电位器，一般用在经过一次设定后就不再需要变动的产品中。通常被安置在产品内部，使其不会被轻易触碰到。考虑成本因素，本助听器产品采用 1 旋转型开放式结构的微调电位器。

如图 6-2 所示，1 与 2 为固定端，3 为滑动端。首先检查三个引出端子应不松动，说明接触良好；紧接着用万用表合适挡位测量 1、2 端间总阻值，应与电位器表面所示标称值吻合；然后用一字螺丝刀轻柔且缓慢调节 3 端上的凹槽，分别测量 1 与 3 端阻值 R_{13}、2 与 3 端阻值 R_{23} 应连续均匀变化，万用表指针平稳移动而无跳跃或抖动现象，且调节时手部感觉平滑，没有过松或过紧等情况，则说明该微调电位器正常。

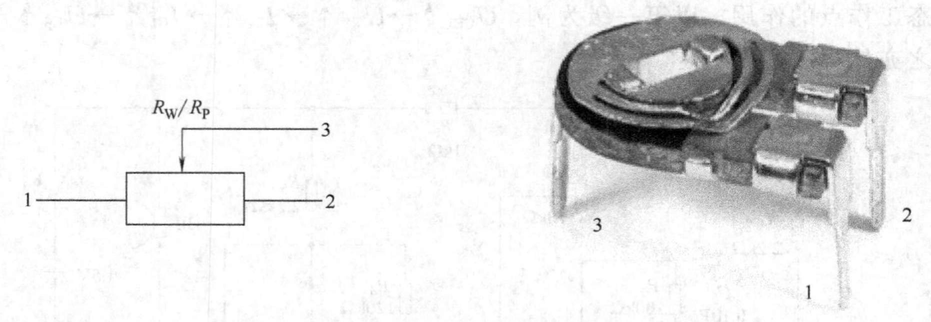

图 6-2　微调电位器电路符号与外形图

（三）瓷介与电解电容器

通过电容器表面标志的数字识别电容量与额定工作电压；用指针式万用表合适挡位检测其质量好坏，注意短路或断路的电容器不可使用；用数字万用表合适挡位测量其电容量。将各项数据对应填入表 6-2。

表 6-2　电容器识别与检测

序号	项目代号	类别	标称容量与额定工作电压	实测容量/μF	所用挡位	漏电阻/Ω
6	C_2,C_3					
7	C_1					

（四）三极管

从外表识别三极管型号；通过半导体器件手册等相关书籍查阅其参数，如集电极最大允许功率损耗 P_{CM}，集电极最大允许电流 I_{CM}，基极开路时集电结不致击穿、允许施加在集电极-发射极之间的最高反向击穿电压 $U_{(BR)CEO}$，电流放大系数 β；判断管型与各管脚。将各项内容填入表 6-3。

表 6-3　三极管识别与检测

序号	项目代号	型号、材料、管型与查表参数	实测 β 值
8	$VT_1(Q_1)$		
	$VT_2(Q_2)$		
	$VT_3(Q_3)$		

（五）驻极体话筒

1. 简介

本助听器产品采用二端式驻极体话筒（Electret Condenser Microphone），它是将声音信号转换成电信号的关键电声器件，又称传声器或微麦克风。其型号为HX034P，其中使用了可保有永久电荷的驻极体物质，属电容式话筒，是利用电容器充放电原理制成。

2. 特点

该型号话筒的优点是频响宽、灵敏度高、非线性失真小、瞬态响应好，是电声特性最好的一种话筒。其缺点是防潮性差，机械强度低，价格稍贵，使用稍麻烦。

3. 识别与检测

如图 6-3 所示，该话筒有明显的极性特征，用指针式万用表合适挡位快速测量能判别其质量好坏。如图 6-3 所示，将红、黑表笔分别接至话筒的对应两极，为正向检测状态，此时，用嘴朝着话筒的声音感应面轻轻吹，直流阻值应迅速减小；而反向测量，吹气没什么变化。将检测结果填入表 6-4。如果电阻为零或无穷大，说明话筒内部可能已短路或开路。

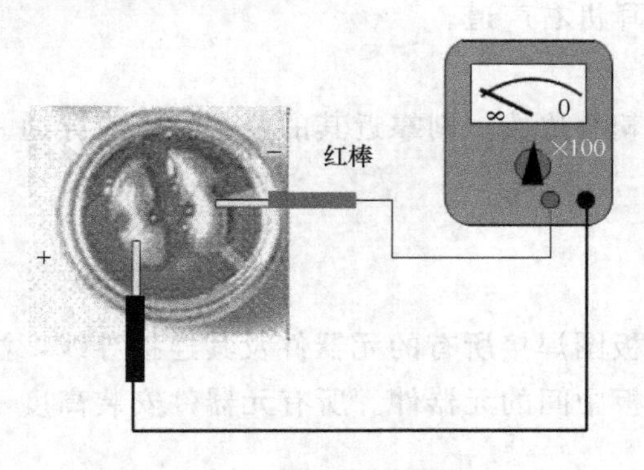

图 6-3　话筒检测图

表 6-4　话筒检测表

阻值/Ω	初始状态	吹气
正向阻值		
反向阻值		

(六) 耳机与插座

1. 简介

耳机属扬声器，是一种将电信号转换为声音信号的电声器件，其作用是在一个小的空间内造成声压。

YD/T 1885—2009《移动通信手持机有线耳机接口技术要求和测试方法》通信行业标准规定，耳机接口为同心连接器插头和插座，统称为同心连接器接口。

标准中涉及的接口有三种：直径为 2.5mm 和 3.5mm 的同心连接器接口以及数据复用型接口。本产品所用为直径 2.5mm 的同心连接器接口。该直径的接口出现较早，主要为体积小的音频设备而设计，目前大量应用在手机上，市场上有少量设备（主要是 MP3 和 MP4），也使用这种接口。

2. 识别

图 6-4 所示左边为三触点同心连接器插头外形图，与双声道耳机配套使用。插头从左至右的三段接触点命名为 1、2、3，分别代表左声道端、右声道端、接地端。图 6-4 所示右边为耳机配套插座外形图，插座标号为与插头插合时一一对应的连接号。

3. 检测

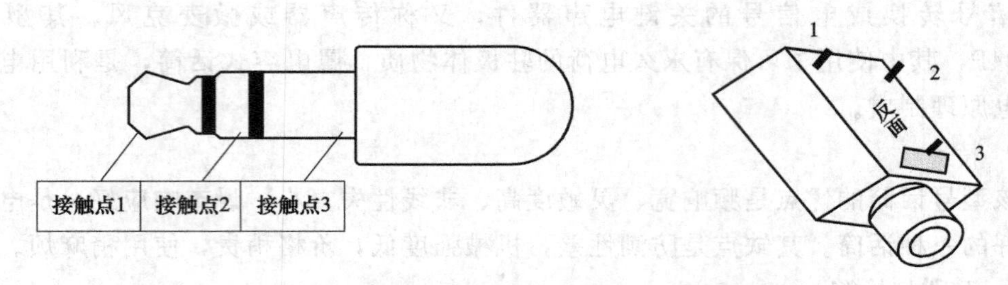

图 6-4　双声道耳机插头与插座外形图

选用指针式万用表的合适电阻挡，两表笔接触 1 端与 3 端快速测量，正常耳机在检测时，除了指针有偏转外，还能听到左声道中有“喀喇”声，声音越清脆、响亮、干净，则说明音质越好；如果指针偏转但无声音发出，说明左声道有故障，可能是耳机与插头内的接线短路；如果指针不偏转更无声音，说明耳机与插头内的接线断路。同理，再用两表笔接触 2 端与 3 端，可检查耳机右声道。

（七）拨动开关

用万用表合适挡位检测拨动开关，开关朝哪边拨，则靠近其的两个触点应导通。

三、印制电路板装配

（一）装配说明

合理安排电气装配流程。按照印制电路板图焊接所有的元器件及其连接导线，注意先安装高度矮、体积小、重量轻或布局在板中间的元器件。所有元器件安装高度不能超过外壳能容纳高度。

（二）装配流程

① 序号 1：R_1 与 R_5，卧装。

② 序号 2、3、4：R_2、R_3、R_4，卧装。

③ 序号 5：R_P，**注意**贴紧板面安装。

④ 序号 6：C_2 与 C_3，立装，自然贴装。**注意**不要影响 C_2 旁边器件的焊孔。

⑤ 序号 7：C_1，卧装。**注意**先插装再卧倒焊接，端子留出一部分在装配面，并注意极性。

⑥ 序号 8：VT_1，VT_2 与 VT_3，立装。**注意**端子插装正确，自然贴装，不要影响 VT_1 旁边已焊好元件的焊点。

⑦ 序号 9：话筒 BM。先用导线（音频屏蔽线最好）与 BM 正、负极正确焊接；再将此导线组从焊接面 R_P 下面的孔伸出，从装配面 M＋、M－对应插入后焊接。**注意**不要影响M＋焊孔旁已焊好元件的焊点。

⑧ 序号 10：耳机插座，自然贴装。

⑨ 序号 11：开关 K_1，自然贴装。

⑩ 序号 12：负电源线（黑线）。一端线头从装配面“电源－”孔插入，在焊接面焊接。另一端为电池负片。**注意**将负片先搪锡再焊线。

⑪ 序号 13：正电源线（红线）。一端线头在焊接面进行焊接在耳机插座 2 孔，即 R_3 与 R_5 的交焊点。另一端为电池正片。**注意**将正片先搪锡再焊线。

⑫ 序号 14：待调试与测量完成后进行总装。用两个自攻螺钉固定印制电路板；话筒感应面对准外壳孔；正确安装一节七号电池；将外壳对压好即可。

四、调试与测量

（一）调试

① 检查印制电路板，确认所有元器件焊接正确、牢固。

② 将直流稳压电源输出调节为 1.6V，用万用表直流电压合适挡位校准。

③ 将电源红、黑接线端分别与电池盒正、负电池片相连。

④ 助听器开关 K_1 为 ON，对着话筒轻轻喊话，调节电位器 $R_P=$______kΩ，使耳机里能听到较大而清晰的语音。调试正常则进行下面的测量，不正常则查找故障。

（二）工作电流测量

助听器开关 K_1 为 OFF，调好万用表直流电流合适挡位，将其从开关处正确串入，测量产品的总工作电流 $I=$______mA。测量正常则继续，不正常则查找故障。

（三）静态工作电压测量

助听器开关 K_1 为 ON，调好万用表直流电压合适挡位，按表 6-5 要求测量每个三极管的电压。测量正常则继续，不正常则查找故障。

表 6-5　静态工作电压表

三极管	U_{BE}/V	U_{CE}/V	U_{EE}/V
VT_1			
VT_2			
VT_3			

（四）波形观测

① 拆焊话筒 BM 一根线使其与产品电路断开，并调整示波器至能测量状态。

② 信号发生器输出信号调到合适频率与幅值的正弦波，代替话筒 BM 接入到电路。

③ 用示波器观察三极管 VT_1 的 B 极输入信号与 C 极的第一级放大电路输出波形，描绘波形并将相关数据填入表 6-6。

表 6-6　波形观测数据表

观察点	X 轴灵敏度	周期 T/s	频率 f/Hz	Y 轴灵敏度	幅值/mV	声音
VT_1—B 极						
VT_1—C 极						
VT_2—B 极						
VT_2—C 极						
VT_3—B 极						
VT_3—C 极						

④ 按表 6-6 要求，依次观察其他波形，并将全部波形描绘在图 6-5 中。

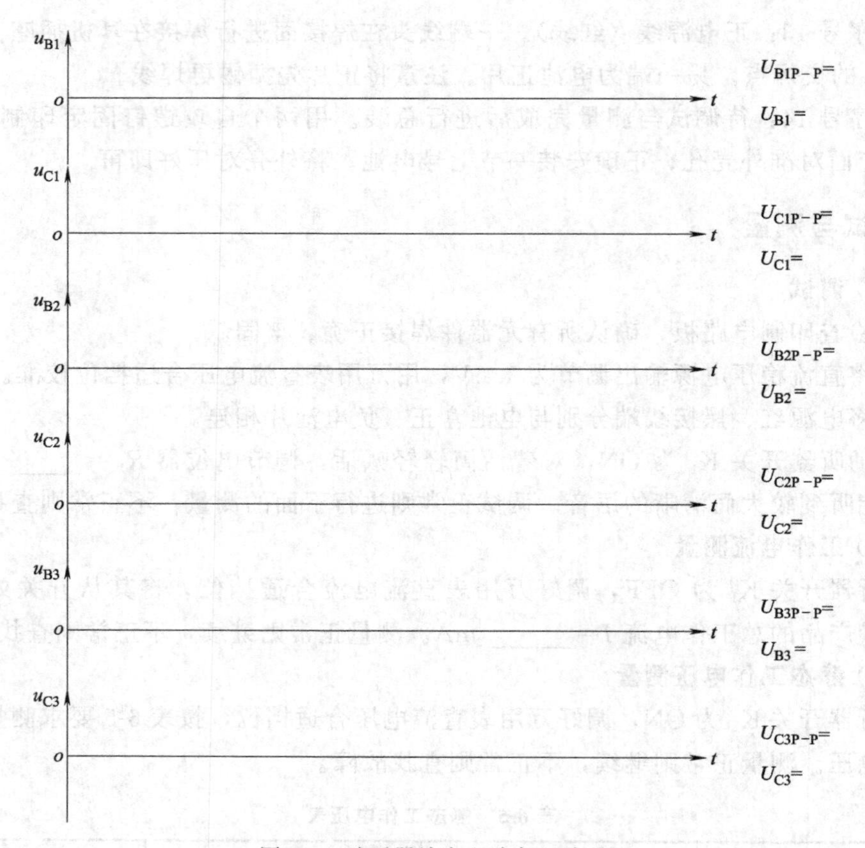

图 6-5　助听器放大电路各级波形

（五）通频带*BW*观测

① 使信号发生器输出频率为 1kHz、合适幅值的正弦波，观测三极管 VT_3 的 C 极，即第三级放大电路输出波形。

② 调整信号发生器的输出幅值，使放大电路输出为最大不失真波形。

③ 保持信号发生器该幅值，以 1kHz 为中心，按表 6-7 要求逐渐向低端与高端变化频率，观测输出波形幅值变化情况。

表 6-7　频率响应测试表

信号发生器幅值为__mV，下限频率 f_L=__Hz，上限频率 f_H=__Hz，*BW*=____Hz								
频率/Hz	60	80	100	120	140	200	300	400
幅值/mV								
频率/Hz	800	1k	2k	10k	15k	50k	100k	500k
幅值/mV								
频率/Hz	800k	1M	1.5M	2M	2.2M	2.5M	2.8M	3M
幅值/mV								

④ 在图 6-6 坐标线上描绘助听器输出的频率响应特性，找出下限频率 f_L 与上限频率 f_H，求出带宽 *BW*。

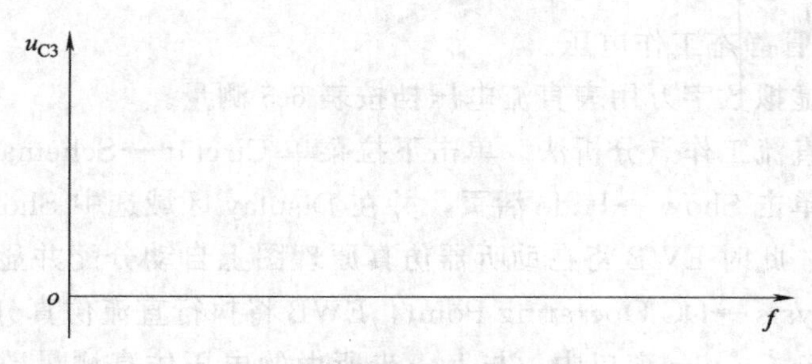

图 6-6　助听器频率响应特性

五、EWB 仿真调试、测量与故障模拟

（一）调试

按图 6-1 在 EWB 软件中绘制助听器仿真原理图，其中三极管 9014 用 motorol3 库的 MRF9011 替代，话筒 BM 用交流电压源替代，耳机 BE 用电阻器替代，每级放大电路输出处设置测试点，如图 6-7 所示，并调试电路至能正常工作状态。

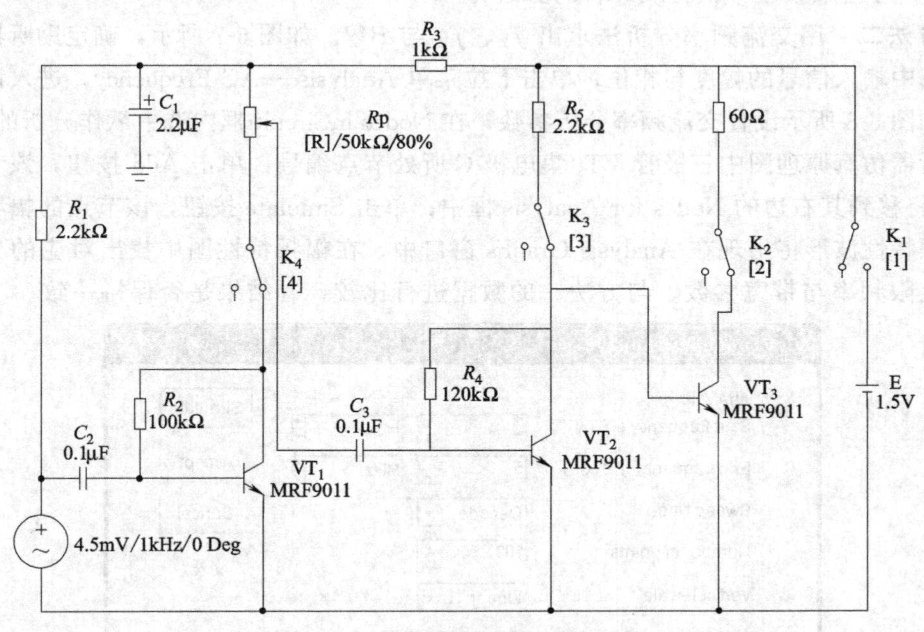

图 6-7　助听器 EWB 仿真原理图

（二）测量

① 断开开关 K_1，串入直流电流表，测量电路总工作电流，数据填入表 6-8。

② 依次将开关 K_2、K_3、K_4 断开，分别串入直流电流表，测量放大电路各级输出静态工作电流，数据填入表 6-8。

表 6-8　助听器放大电路各级电流测量表

$I_{总}$/mA	I_{C3}/mA	I_{C2}/mA	I_{C1}/mA

③ 测量三极管静态工作电压。

方法一：用虚拟数字万用表直流电压挡按表 6-5 测量。

方法二：用直流工作点分析法。单击下拉菜单 Circuit→Schematic Option，在所出现的对话框中单击 Show→Hide 活页，并在 Display 区域选中 Show Notes 单选框，单击“确定”钮，此时 EWB 将在助听器仿真原理图上自动分配并显示节点编号；单击下拉菜单 Analysis→DC Operating Point，EWB 将执行直流仿真分析，分析结果自动显示在 Analysis Graphs 窗口中，与上一步所做的电压仿真测量数据做比较，看结果是否保持一致。

④ 用虚拟示波器按表 6-6 要求观察三极管各处波形。

方法一　用描点法求出 f_L、f_H 与 BW。如图 6-7 所示，在助听器输入端送入合适信号，用虚拟示波器观察助听器第三级放大电路最大不失真输出波形；确定交流电压源的最大输入信号量；保持该输入量，按表 6-7 改变交流电压源频率，记录助听器输出波形幅值；将所有幅值数据在图 6-6 中描点，绘出助听器幅频特性；找出其下限频率 f_L 与上限频率 f_H，并求出带宽 BW。

方法二　用交流频率分析法求出 f_L、f_H 与 BW。如图 6-7 所示，确定助听器仿真原理图中输入信号的幅度与相位；单击下拉菜单 Analysis→AC Frequency，进入该对话框；如图 6-8 所示设置交流频率分析参数；在 Nodes inCircuit 框内选中欲作分析的节点，即助听器仿真原理图中三极管 VT_3 集电极 C 所处节点编号，单击 Add 按钮，该节点编号 18 将移到其右边的 Nodes for Analysis 框中；单击 Simulate 按钮，该节点的幅频特性和相频特性波形将出现在 Analysis Graphs 窗口中，在幅频特性图中找出对应的下限频率、上限频率与带宽参数。与方法一的数据进行比较，看结果是否保持一致。

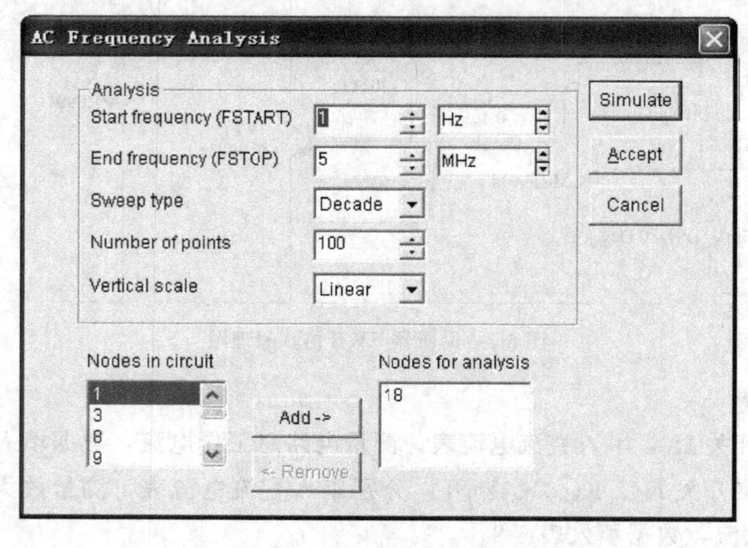

图 6-8　助听器交流频率分析参数设置

方法三　用虚拟波特图仪求出 f_L、f_H 与 BW。波特图仪又称频率特性仪或扫频仪，可快速测量电路的频率特性，包含幅频特性与相频特性，本处仅研究前者。在

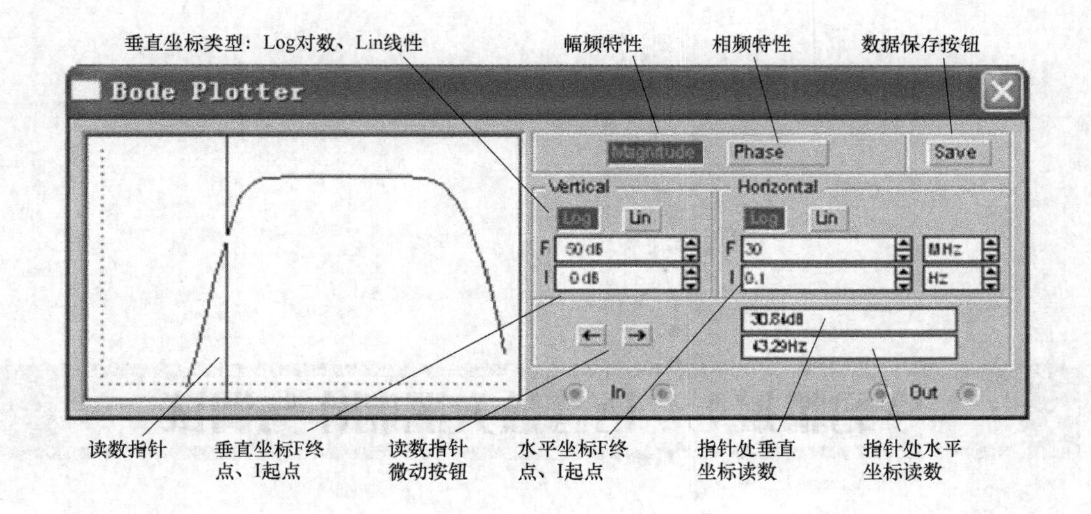

图 6-9　虚拟波特图仪面板参数设置

EWB 仪器、仪表栏的 Insruments 库中单击图标，并拖动该 Bode Plotter 图标到原理图编辑页面，则调出虚拟波特图仪，其从左至右四个端子分别为 IN 信号输入端或正端、IN 接地端或负端、OUT 信号输出端或正端、OUT 接地端或负端。将一对 IN 输入端并接到图 6-7 的交流电压源上即助听器输入端，一对 OUT 输出端对应接到 VT_3 集电极、发射极，即助听器输出测试端，双击波特图仪的图形符号，打开其面板，如图 6-9 所示设置各项参数。启动 Activate Simulation 图标，在波特图面板左侧窗口出现助听器频率特性图。移动读数指针，当面板右下角的“指针处垂直坐标读数”框内为幅值最大值的 70.7%时，从“指针处水平坐标读数”框中获取下限频率 f_L，同理得到上限频率 f_H，并继而求得带宽 BW。

（三）故障模拟

依次断开 K_2、K_3、K_4，观察各级故障导致的电流、电压及波形变化。

学习情境七　语音放大器制作与调试

【实训目标】

1. 掌握安全用电与安全文明生产管理能力。

2. 掌握音频信号的特点，掌握电子产品原理图的识读能力，包括集成音频功放的基本组成、功能及其典型电路运用，掌握电子元器件的识别与检测。

3. 掌握电子产品装配工艺、装配与测量技能，了解装配工艺流程制定。

4. 掌握级联电路联调、故障诊断与排除技能。

5. 掌握仪器与仪表综合使用技能，包括集成功率放大器典型应用电路的调试与测量。

6. 掌握仿真软件建立新器件、测量、调试与故障处理的技能。

7. 培养专业兴趣，培养团队合作、语言表达与持续学习能力。

8. 培养网络资源信息获取与判断、计划制定与修正、观察与逻辑推理能力。

一、原理图识读

图 7-1 中，三极管 VT_1 组成共发射极组态音频前置电压放大电路，它与前后级的输入、输出均采用阻容耦合方式连接，使静态工作点互相不受影响，只有音频信号被传输并放大。集成芯片 LM386 组成音频 OTL 单电源功率放大电路。

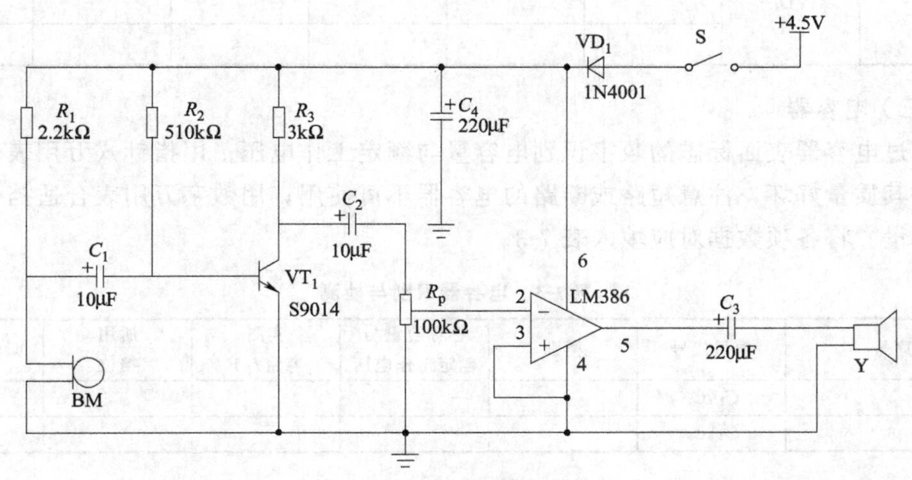

图 7-1 语音放大器原理图

使用时对着话筒 BM 轻轻发声，微弱的声音信号由话筒转变成微弱的电压信号，经过前置电压放大电路与功率放大电路，扬声器 Y 能听到放大的声音。交流信号通路为：轻轻的声音→小话筒 BM →微弱电信号→ C_1 →VT_1 第一级↑→C_2 →R_P →LM386 的 2 脚→LM386 的 5 脚↑→扬声器 Y 获得放大的声音。

本产品采用集成电路 LM386 作音频功率放大器，具有灵敏度高、失真度小、耗电节省、携带方便的优点，可用于医院等场所的距离传呼、防火报警等。

二、元器件识别与检测

（一）电阻器

通过色环识别标称值，通过体积识别额定功率，再用万用表合适挡位检测各电阻值，对应将各项数据填入表 7-1。

表 7-1 电阻器识别与检测

序号	项目代号	色环	标称值/Ω	额定功率/W	所用挡位	实测阻值/Ω
1	R_1					
2	R_2					
3	R_3					

（二）二极管

识别型号与极性，在晶体管手册上查阅相关参数，用万用表合适挡位检测相关数据，填入表 7-2，据此判别管好坏与性能优劣。其他元器件均要作质量判别，不再赘述。

表 7-2　二极管识别与检测

序号	项目代号	型号与查表参数	所用挡位	正向电阻/Ω	正向电流/mA	正向电压/V	反向电阻/Ω
4	VD_1						

（三）电容器

通过电容器表面标志的数字识别电容量与额定工作电压；用指针式万用表合适挡位检测其质量好坏，注意短路或断路的电容器不可使用；用数字万用表合适挡位测量其电容量。将各项数据对应填入表 7-3。

表 7-3　电容器识别与检测

序号	项目代号	类别	标称容量与额定工作电压	实测容量/μF	所用挡位	漏电阻/Ω
5	C_1,C_2					
6	C_3,C_4					

（四）三极管

从外表识别三极管型号；通过半导体器件手册等相关书籍查阅其参数，如集电极最大允许功率损耗 P_{CM}，集电极最大允许电流 I_{CM}，基极开路时集电结不致击穿、允许施加在集电极-发射极之间的最高反向击穿电压 $U_{(BR)CEO}$，电流放大系数 β；判断管型与端子。将各项内容填入表 7-4。

表 7-4　三极管识别与检测

序号	项目代号	型号、材料、管型与查表参数	实测 β 值
7	$VT_1(Q_1)$		

（五）微调电位器

微调电位器应用范围很广，如可用于调整液晶显示器基准电压 U_{COM}，使其画面减少闪烁，如图 7-2 所示。还可用于调整各种传感器适当的灵敏度，如检测人存在时就自动打开开关的照明装置、预防火灾的烟感检测器、汽车倒车或泊车辅助系统中的距离传感器、工厂产品检测传感器等，如图 7-3 所示。

为了提高调整分辨率，可用多旋转型微调电位器；为了防护恶劣工作环境，可用密封型微调电位器。各种分类见图 7-4。

本产品用旋转型开放式微调电位器同图 6-2。

（六）话筒

将外界声场中的声音信号转换成电信号，又称传声器或微麦克风。本产品所用为 HX034P 型电容式话筒，其内部构成如图 7-5 所示，是利用电容器充放电原理制作。声音振动带动电容的一个极板，该极板的振动改变两极板间距离，从而改变电容量，

显示器的电压不正常时，画面会发生闪烁。

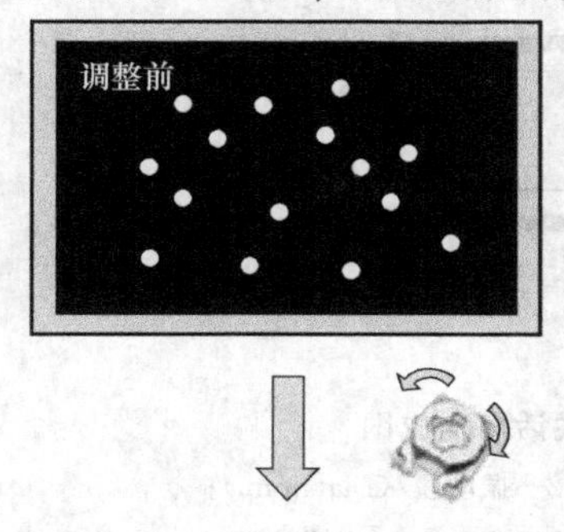

通过使用微调电位器来调整驱动电压，达到减少闪烁的目的。

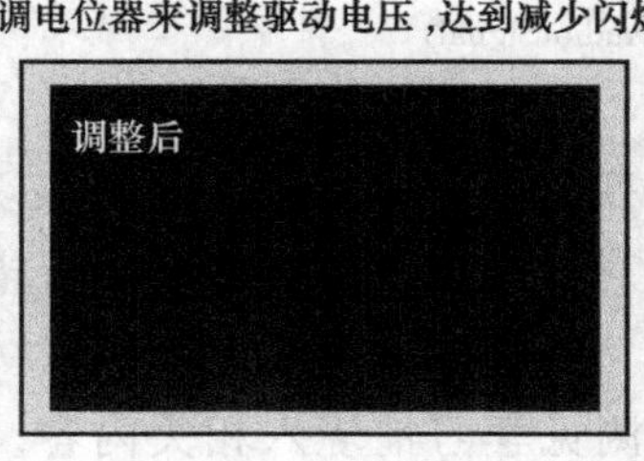

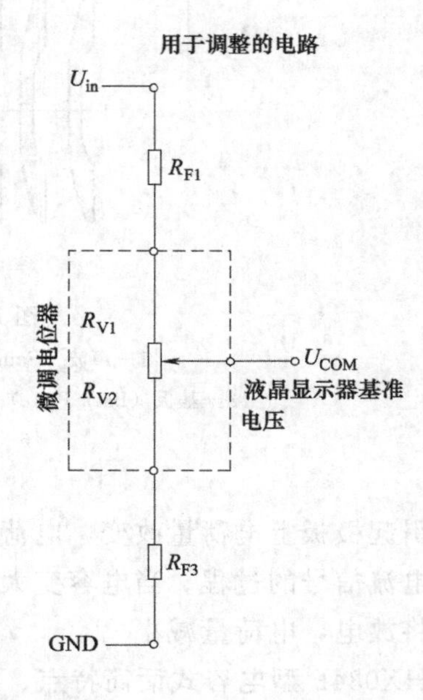

图 7-2 液晶显示器调整画面与电路图

带有检测人体的照明系统

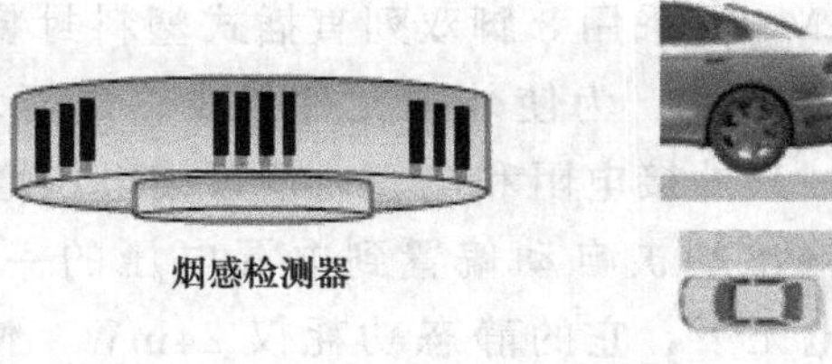

烟感检测器

泊车辅助系统

图 7-3 微调电位器灵敏度调整应用图

结构/调整旋转数	密封型	开放型
1旋转	PVF2　PVG3　PVM4　PV32	PVZ2　PVZ3　PVA2
多旋转 ()数字为旋转数	PVG5(11)　PV12(4)　PV37(12)　PV36(25)	

图 7-4 微调电位器分类

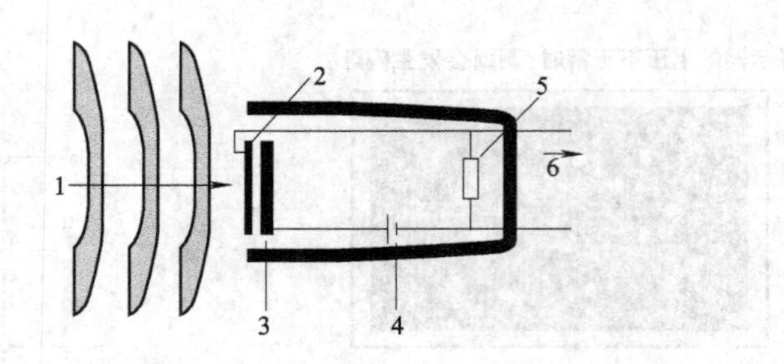

图 7-5　电容式话筒构成图

1—声波（Sound Waves）；2—振动膜（Diaphram）；
3—基板（Back Plate）；4—电池（Battery）；5—电阻（Resistance）；
6—输出信号（Audio Signal）

继而引起极板上电荷量改变，电荷量随时间变化再形成电流，最终实现将声音信号转换为电流信号的过程。当电容变大时，电源对其充电，电荷量增大；电容变小时，电容器将放电，电荷量减小。

HX034P 型电容式话筒特点、识别及检测见学习情境六相关内容。

（七）集成功率放大器

1. 概况与外形图

如图 7-6 所示，LM386 采用 8 脚双列直插式塑料封装，是音频功率放大器，主要应用于低电压消费类产品。为使外围元件最少，电压增益内置为 20。仅在 1 端子和 8 端子之间增加一只外接电阻和电容，便可使电压增益在 20～200 调整。输入端以地为参考，同时输出端被自动偏置到电源电压的一半。直流电源电压范围在 4～12V，在 6V 电源电压下，它的静态功耗仅 24mW，使 LM386 特别适用于电池供电的场合。

图 7-6　LM386 外形图

2. LM386 端子排列与功能

图 7-7 中，引脚 1 与引脚 8 均为增益设置端，实际使用中往往在 1、8 间外接阻容串联电路，调节电阻阻值，可使集成功放电压放大倍数在 20～200 间变化。2 引脚为反相输入端或负输入端，3 引脚为同相输入端或正输入端。4 引脚为地端。5 引脚

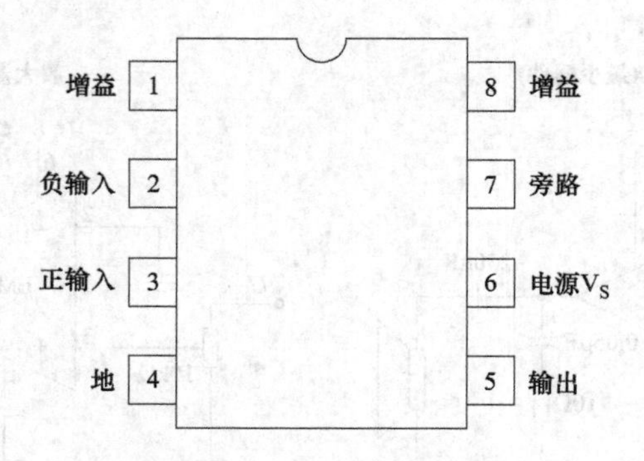

图 7-7　LM386 管脚排列图

为输出端。6 引脚为正电源端。7 引脚为电容旁路端。

3. LM386 内部电路

LM386 内部电路由输入级、中间级和输出级等组成，如图 7-8 所示。

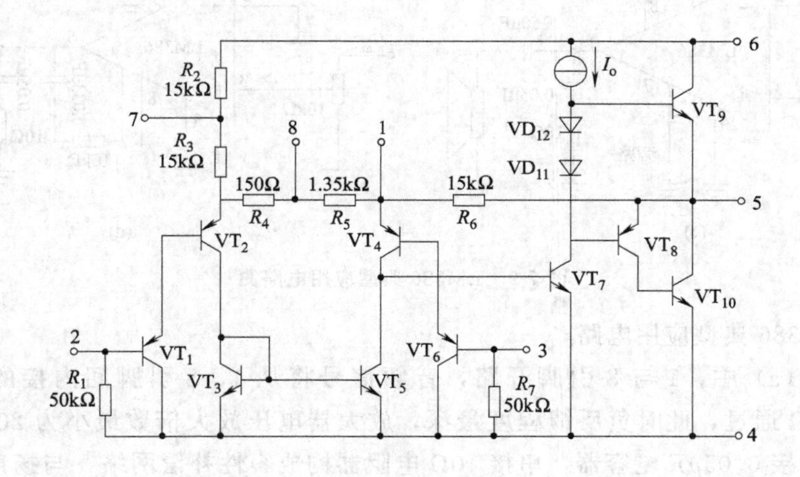

图 7-8　LM386 内部电路图

输入级由 VT_2、VT_4 组成双端输入单端输出差分放大电路，VT_3、VT_5 是其恒流源负载，VT_1、VT_6 是为了提高输入电阻而设置的输入端射极跟随器，R_1、R_7 为偏置电阻，该级的输出取自 VT_4、VT_5 的集电极。R_5 是差分放大电路的发射极负反馈电阻，引脚 1、8 开路时，负反馈最强，整个电路的电压放大倍数为 20，如图 7-9（a）所示；若在 1、8 间外接电容以短路 R_5 两端的交流压降，可使电压放大倍数提高到 200，如图 7-9（c）所示。

中间级是本集成功放的主要增益级，由 VT_7 和其集电极恒流源 I_o 负载构成共发射级放大电路，作为驱动级。

输出级由 VT_8、VT_{10} 复合等效为 PNP 管，与 NPN 管 VT_9 组成准互补对称功放电路，二极管 VD_{11}、VD_{12} 为 VT_8、VT_9 提供静态偏置，以消除交越失真，R_6 是级间电压串联负反馈电阻。

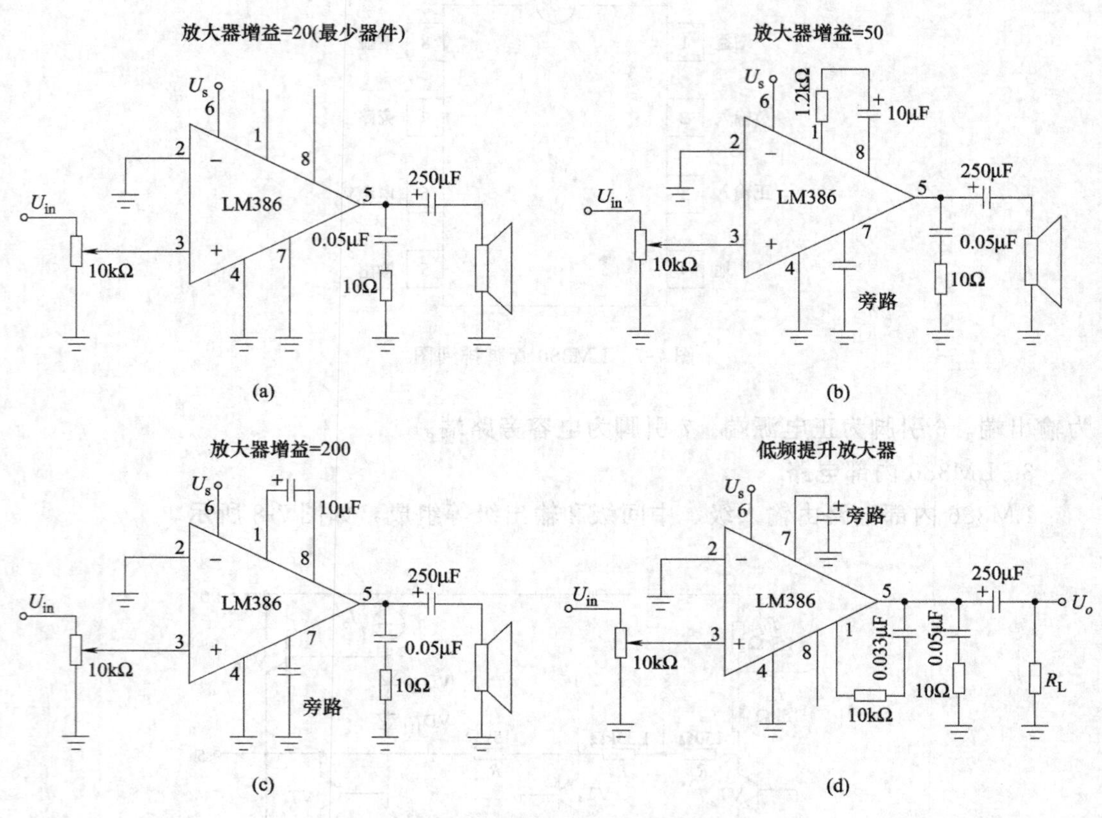

图 7-9　LM386 典型应用电路图

4. LM386 典型应用电路

图 7-9（a）中，1 与 8 引脚开路，音频信号将从 1、8 引脚间内接的反馈电阻 R_5＝1.35kΩ 通过，此时负反馈程度最深，放大器电压放大倍数最小为 20。此外，5 引脚输出端接 0.05μF 电容器，串接 10Ω 电阻器构成容性补偿网络，与扬声器感性负载相并联，使输出等效负载接近纯阻性，防止高频自激和过压现象。

图 7-9（b）中，1 与 8 引脚之间外接 1.2kΩ 电阻器与 10μF 电解电容器，该阻容串联支路与 LM386 内接的反馈电阻 R_5＝1.35kΩ 并联的总阻抗小于 R_5，音频信号从此通过，使负反馈程度降低，则放大器电压放大倍数加大至 50。此外，7 引脚外接旁路去耦电容器，用以提高纹波抑制能力，消除低频自激。

图 7-9（c）中，1 与 8 引脚之间外接 10μF 电解电容器时，容抗很小，内部 R_5＝1.35kΩ 被旁路，即音频信号几乎全部从电容器通过，使负反馈程度大大降低，则放大器电压放大倍数最大至 200。

图 7-9（d）中，1 与 5 引脚间外部接入 10kΩ 电阻器与 0.033μF 电容器串联支路，该支路与两引脚内部所接的电阻器 R_6＝15kΩ 并联。当频率变低时，此处的音频信号电压串联负反馈变弱，电压放大倍数增大，构成带低音提升的功率放大电路。

5. LM386 功能检测

将 LM386 集成功放芯片合理插在面包板上，在 6 与 4 引脚间对应连接稳压电源正、负极，输出值调为4.5V。

调节信号发生器为1kHz毫伏数量级的正弦波，如图7-10所示，从2引脚送入LM386。用双踪示波器分别观察2引脚反相输入端、5引脚输出端的波形。

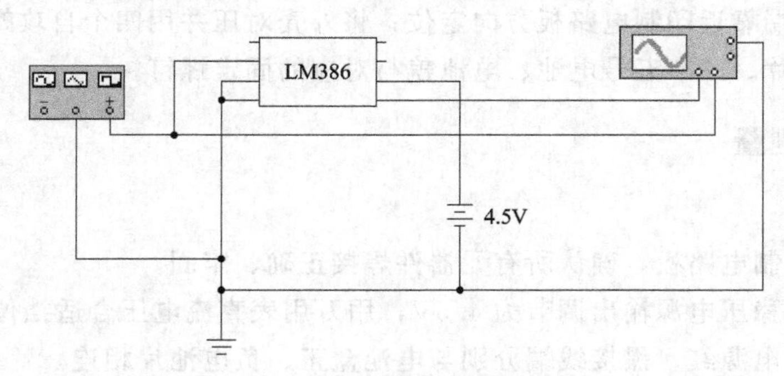

图7-10 LM386功能检测连线图

若与输入波形相比，输出为不失真的反相正弦波，且电压放大倍数为20，则说明LM386芯片功能正常。

三、印制电路板装配

（一）装配说明

合理安排电气装配流程。按照印制电路板图焊接所有的元器件及其连接导线，注意先安装高度矮、体积小、重量轻或布局在板中间的元器件，LM386最后才安装到对应集成座上。所有元器件安装高度不可超过外壳能容纳高度，故根据需要确定元器件应立装还是卧装。

（二）装配流程

① 序号1、2、3：R_1、R_2、R_3，卧装。

② 序号4：VD_1，卧装。**注意**正、负极。

③ 序号5、6：C_1、C_2、C_3、C_4，卧装。注意极性；不要影响C_2旁边器件的焊孔；C_3侧卧给电位器留空间。

④ 序号7：VT_1，立装。**注意**三极管三个管脚安装正确；高度不可超过外壳；不要影响VT_1旁边已焊好元件的焊点。

⑤ 序号8：R_P。**注意**要插到底才焊接。

⑥ 序号9：开关S。**注意**先焊两边的安装端定位。

⑦ 序号10：集成芯片插座。注意缺口方向；不要影响其他引脚；LM386调试时再安装。

⑧ 序号11：小话筒BM。先将音频线正（有绝缘皮）、负极对应焊在印制板的正、负极焊盘上，然后用电烙铁在外壳烫个孔，将音频线穿出。**注意**另一端再对应焊接话筒正、负极。

⑨ 序号12：负电源线（黑线）。一端线头从装配面“电源－”孔插入，在焊接面焊接。另一端为电池负片。**注意**将负片先搪锡再焊线。

⑩ 序号 13：正电源线（红线）。一端从装配面“电源＋”孔插入，在焊接面焊接；另一端为电池正片。**注意**将正片先搪锡再焊线。

⑪ 序号 14：待调试与测量完成后进行总装。将印制电路板卡入两个塑料柱固定；使扬声器接线端靠近印制电路板方向定位；将外壳对压并用四个自攻螺钉固定；安装两个电池连接片、三节五号电池、电池盖与对应的固定螺钉。

四、调试与测量

（一）调试

① 检查印制电路板，确认所有元器件焊接正确、牢固。

② 将直流稳压电源输出调节为 4.5V，用万用表直流电压合适挡位校准。

③ 将稳压电源红、黑接线端分别与电池盒正、负电池片相连。

④ 弄清楚电位器调节方向，语音放大器开关 S 为 ON，对着话筒轻轻喊话，调节电位器 $R_P=$ ______ kΩ（断电时测量该数值），使喇叭里能听到较大且清晰的语音。调试正常则进行下面的测量，不正常则改变 VT_1 管偏置电路参数，如增加下偏置电阻，保证 VT_1 工作在放大区域最佳静态工作点，或按模块查找故障。

（二）工作电流测量

语音放大器开关 S 为 OFF，调好万用表直流电流合适挡位，将其从开关处正确串入。对着话筒轻轻喊话，确保喇叭里能听到较大且清晰的语音时，记录电路的总工作电流 $I_{总}$ 在表 7-5 中。测量正常则继续，不正常则按模块查找故障。

表 7-5 语音放大器工作电流表

指针式万用表	数字万用表	虚拟电流表		
$I_{总}$/mA		I_{R3}/mA	I_6/mA	$I_{总}$/mA

（三）工作电压测量

1. 前置电压放大电路模块

开关 S 为 ON，调好万用表直流电压合适挡位，按表 7-6 要求测量 VT_1 管所处的前置放大电路模块的电压。测量正常则继续，不正常则查找此模块故障。

表 7-6 前置放大电路模块电压表

测 试 点	指针式万用表	数字万用表	虚拟电压表
U_{CC}/V			
U_{BE}/V			
U_{CE}/V			
U_{EE}/V			
U_{R3}/V			

2. LM386 音频功率放大电路模块

S为ON，调万用表直流电压合适挡位，测量LM386各引脚与地之间电压，记录于表7-7中。正常则继续，不正常则查找该模块故障。

表7-7 功率放大电路模块电压表

引 脚 号	1	2	3	4	5	6	7	8
指针式万用表测电压/V								
数字万用表测电压/V								
虚拟电压表测电压/V								

（四）波形观测

① 拆焊话筒BM的正极信号输入线，并调整示波器至可准确测量状态。

② 信号发生器输出信号调到1kHz合适幅值的正弦波，代替话筒BM接入电路。

③ 用示波器观察语音放大器各级输入与输出信号波形，确保各级最大不失真时记录相关数据填入表7-8。

表7-8 波形观测数据表

观察点	*X*轴灵敏度	周期 *T*/s	频率 *f*/Hz	*Y*轴灵敏度	幅值/V	声音
信号源						
VT_1—B极						
VT_1—C极						
LM386的2脚						
扬声器Y						

（五）通频带BW观测

① 使信号发生器输出频率为1kHz合适幅值的正弦波，观测扬声器Y两端，即功率放大电路模块输出波形。

② 调整信号发生器的输出幅值，使扬声器Y输出为最大不失真波形。

③ 保持信号发生器该输出幅值，以1kHz为中心，逐渐向低端与高端变化频率，观察扬声器Y波形幅值变化情况。

④ 找出下限频率f_L=__________Hz、上限频率f_H=__________Hz，求出带宽$BW=f_H-f_L$=________Hz。

（六）功率放大电路模块增益调试

① 在LM386的1端子和8端子之间焊接1.5kΩ电阻器和10μF电解电容器的串联支路。**注意**连接点处用黄蜡管套住绝缘，以防碰到印制电路板导电点而导致故障。

② 信号发生器输出频率为1kHz合适幅值的正弦波，观测LM386的2端子输入端波形、扬声器输出波形，即集成功放电路模块输入波形幅值为________V，输出波形幅值为________V。接上话筒轻轻喊话，注意听扬声器的声音变化。

五、仿真调试、测量与故障模拟

（一）建立新器件

① 按照图7-8在EWB软件中画出LM386内部电路仿真图。

② 调试 LM386 内部电路至能正常工作。从 2 脚加入 1kHz 适当幅值的正弦波信号，用虚拟示波器观察 5 脚输出波形，应为不失真、反相且幅值放大 20 倍的正弦波。

③ 将 LM386 内部电路对外连接的 8 个引脚按集成块双列直插式塑料封装顺序排列，如图 7-11 所示。

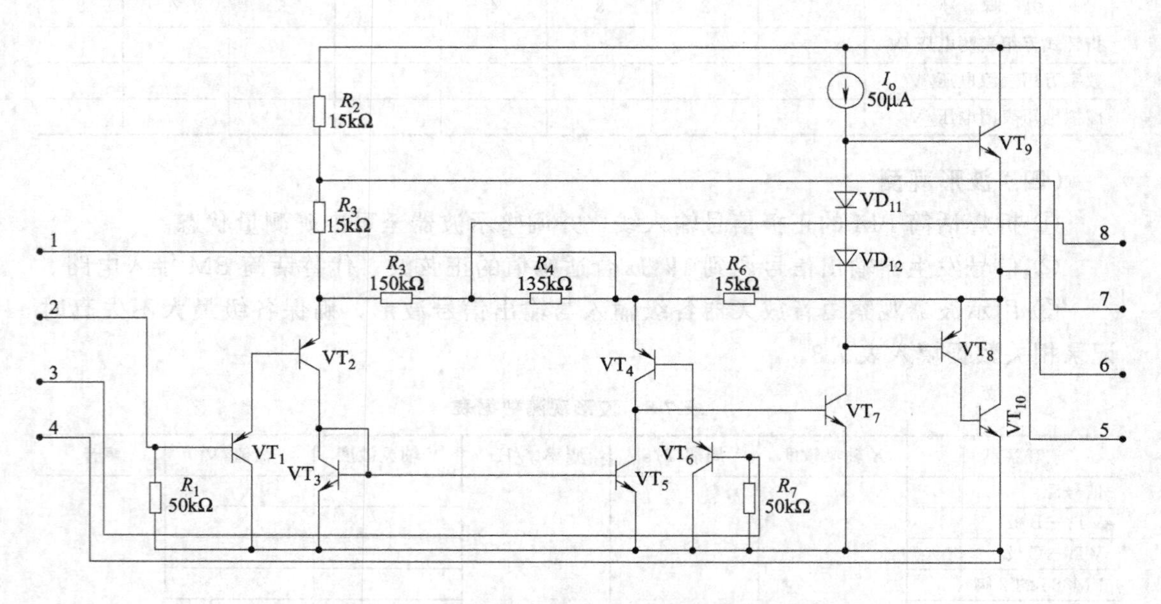

图 7-11　LM386 内部电路对外连接引脚排列图

④ 按住鼠标左键拖动，将 LM386 内部电路全部选择，被选中部分将呈红色高亮度。

⑤ 鼠标左键单击工具栏中按钮或选择菜单 Circuit→Creat Subcircuit 命令，如图7-12（a）所示，将出现 Subcircuit 对话框，如图 7-12（b）所示。

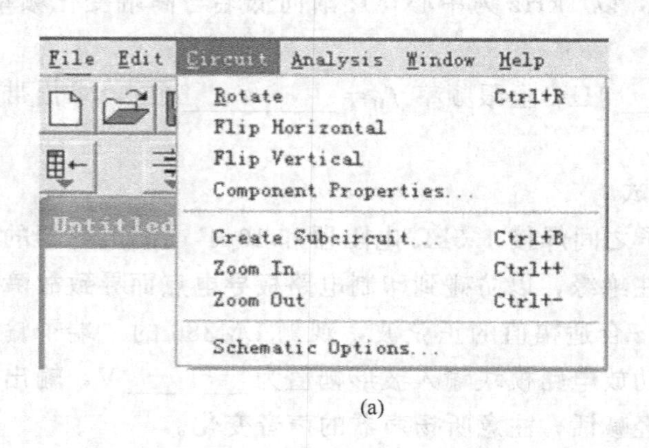

(a)

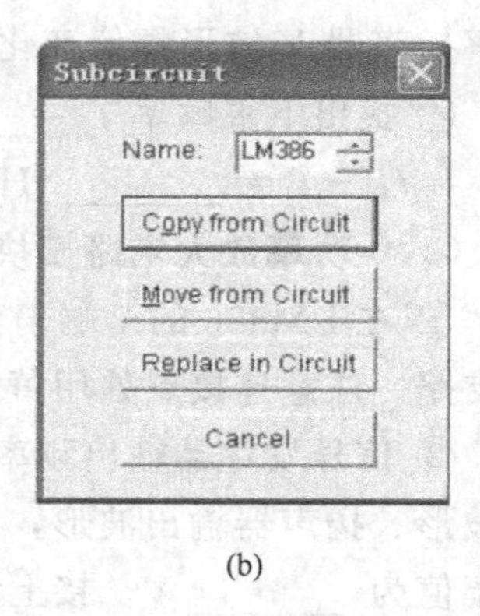

(b)

图 7-12　Circuit 下拉命令框与 Subcircuit 对话框

⑥ 在 Name 框中输入“LM386”，并单击 Copy from Circuit 按钮，出现 LM386 器件框，关闭它。

⑦ 鼠标左键单击工具栏按钮，出现 Favorites 框，如图 7-13（a）所示。

⑧ 鼠标左键拖动 Favorites 框中的按钮至 EWB 原理图绘制页面，出现 Choose SUB 框，如图 7-13（b）所示。

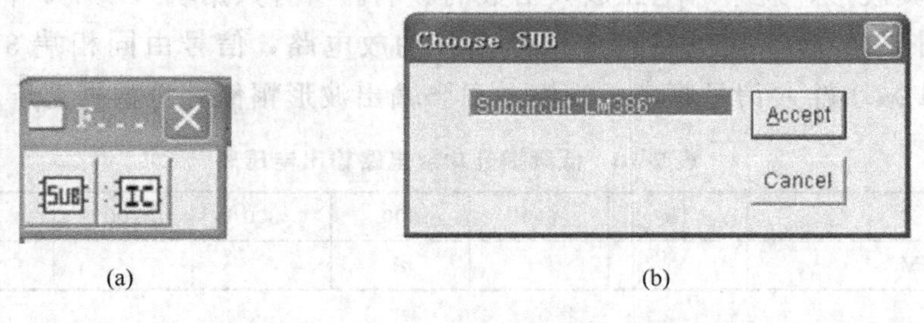

图 7-13 Favorites 框和 Choose SUB 框

⑨ 选中 Subcircuit“LM386”，单击 Accept 按钮，在 EWB 原理图页面中出现 LM386 器件。

⑩ 将 LM386 引脚按各自功能接好外部条件进行测试，如图 7-10 所示，输出波形应为不失真、反相且幅值放大 20 倍的正弦波，说明该器件建立成功。数据填入表 7-9 最后一行中。

表 7-9 集成功放典型电路电压放大倍数调试表

电阻器阻值	输入有效值/V	输入幅值/V	输出幅值/V	电压放大倍数
0				
1kΩ				
1.5kΩ				
10kΩ				
∞				

（二）调试集成功放典型电路

① 如图 7-14（a）所示，在 LM386 的 1 脚与 8 脚之间接电阻器与电解电容器串联支路，信号由反相端 2 脚送入，观察输入与输出波形，计算电压放大倍数。

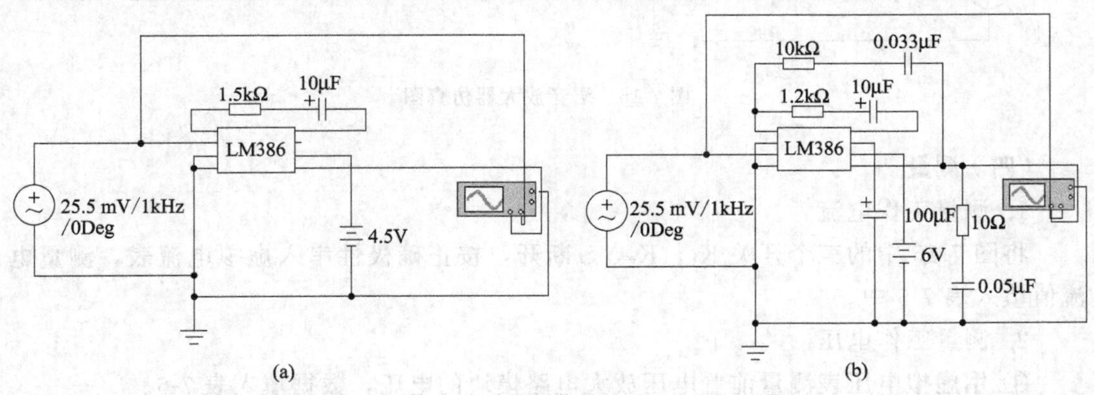

图 7-14 集成功放典型电路调试图

② 减小电阻器阻值至 1kΩ，观察对电压放大倍数的影响。

③ 增大电阻器阻值为 10kΩ，观察对电压放大倍数的影响。

④ 将电阻器设置为短路状态，即只有电容器起作用，将输入信号调小，使输出为最大不失真波形，观察对电压放大倍数的影响。所有数据填入表 7-9 中。

⑤ 如图 7-14（b）接电路构成低频提升功放电路，信号由同相端 3 脚送入，从 1kHz 起逐步减小输入信号频率，观察 5 引脚输出波形幅值，将数据记于表 7-10 中。

表 7-10　低频提升功放电路输出电压表

频率/Hz	1k	600	400	300	200	100	50
输出电压幅值/V							

（三）绘制语音放大器仿真图

按图 7-1 在 EWB 软件中绘制语音放大器仿真图，其中 VT_1 用 motorol3 库中的 MRF9011 替代；话筒 BM 用虚拟电压源的正弦波信号替代；扬声器 Y 不接，直接用示波器观察仿真结果。为方便仿真测试，在前置电压放大电路模块音频信号输出点、功率放大电路模块电源端设置开关 K_1、K_2，如图 7-15 所示。

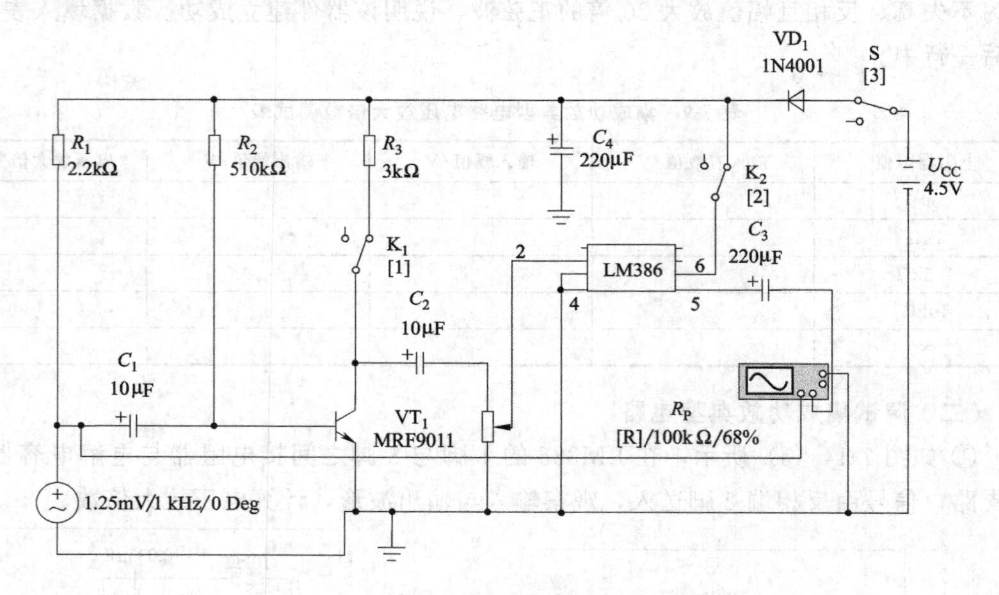

图 7-15　语音放大器仿真图

（四）测量

1. 测量工作电流

将图 7-15 中的三个开关 K_1、K_2、S 断开，按正确极性串入虚拟电流表，测量电流值填入表 7-5 中。

2. 测量工作电压

① 用虚拟电压表测量前置电压放大电路模块的电压，数据填入表 7-6。

② 测量音频功率放大电路模块电压，数据填入表 7-7。

（五）波形观察

如图 7-15 所示，在前置电压放大电路模块的输入端加入 1kHz 合适幅值的正弦波信号。按表 7-8 要求，在确保各级最大不失真时，用虚拟示波器观察语音放大器各级输入与输出仿真波形，将其描绘于图 7-16，并进行相关数据处理。

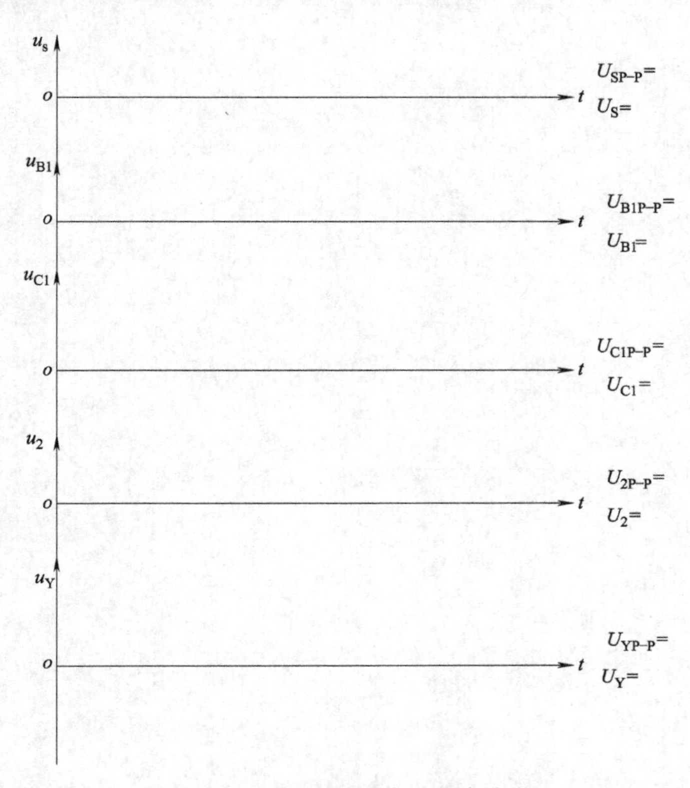

图 7-16 语音放大器各级仿真波形

（六）故障模拟

图 7-15 仿真图中的输入条件不改变，设置如下模拟故障时，用虚拟示波器观察语音放大器各级波形变化，从而提高模块式查寻与处理故障的能力。

① VD_1 二极管被烧成短路故障。

② VT_1 管的上偏置电阻器容量安装错误故障，$R_2=51k\Omega$。

③ VT_1 管的集电极输出电阻器容量安装错误故障，$R_3=300\Omega$。

④ VT_1 管的集电极供电电源失电故障，K_1 断开。

拓展篇

学习情境八　智能机器猫拆卸与改装

【实训目标】

1. 掌握安全用电与安全文明生产管理技能。

2. 对照实际元器件，训练识读较复杂电子产品原理图的能力。

3. 掌握电子元器件包括传感元器件及555定时器的识别与检测技能。

4. 掌握电子产品拆卸工艺与技能，初步训练主要部件之间电气软导线连接图绘制能力。

5. 掌握较复杂电子产品焊接、调试与总装技能。

6. 掌握电子产品生产工艺流程，训练电子装配工艺指导卡编制能力。

7. 掌握借助电子仪器、仪表诊断与排除较复杂电子产品故障的技能。

8. 培养专业兴趣，培养团队合作、语言表达与持续学习能力。

9. 培养网络资源信息获取与运用、观察与逻辑推理、系统运筹能力。

一、原理图

图 8-1 利用 555 定时器构成单稳触发器，在声、光、磁三种控制方式下，均以低电平触发，让电动机转动，从而使猫做到：拍手即走、光照即走、磁铁靠近即走；但持续一段时间停走；直至任一种信号再次出现才继续行走。

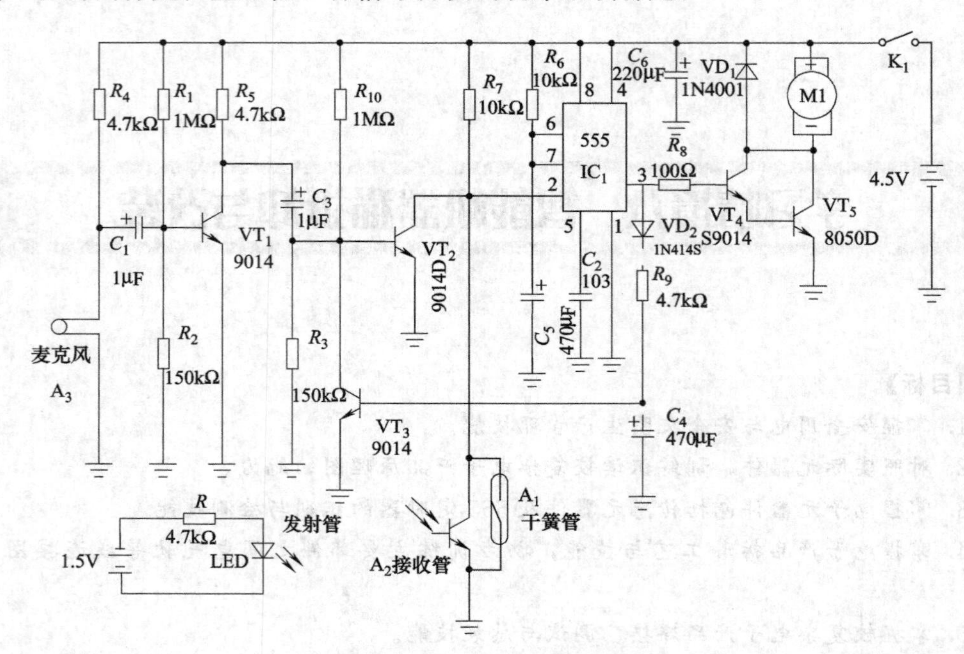

图 8-1　智能机器猫原理图

二、元器件识别与检测

（一）电阻器

通过色环识别标称值，通过体积识别额定功率，再用万用表合适挡位检测各电阻值，对应将各项数据填入表 8-1。

表 8-1　电阻器识别与检测

序号	项目代号	色环	标称值/Ω	额定功率/W	所用挡位	实测数值/Ω
1	R_1，R_{10}					
2	R_2，R_3					
3	R_4，R_5，R_9					
4	R_6，R_7					
5	R_8					

（二）二极管

识别型号与极性，在晶体管手册上查阅相关参数，用万用表合适挡位检测相关数据，填入表 8-2，据此判别各管好坏与性能优劣。其他元器件均要作质量判别，不再赘述。

表 8-2　二极管识别与检测

序号	项目代号	型号与查表参数	所用挡位	正向电阻/Ω	正向电流/mA	正向电压/V	反向电阻/Ω
6	VD_2						
7	VD_1						

（三）三极管

完成表 8-3 中识别、查阅、检测技能训练。

表 8-3　三极管识别与检测

序号	项目代号	型号、材料、管型与查表参数	实测 β 值
8	VT_1		
	VT_2		
	VT_3		
	VT_3		
9	VT_5		

（四）电容器

完成表 8-4 中识别、查阅、检测技能训练。

表 8-4　电容器识别与检测

序号	项目代号	类别	标称容量与额定电压	实测容量/F	所用挡位	漏电阻/Ω
10	C_2					
11	C_1					
	C_3					
12	C_4					
	C_5					
13	C_6					

（五） 555 定时器及其插座

图 8-2　555 定时器及其插座外形图

图 8-3　555 定时器引脚图

555 定时器及其插座如图 8-2 所示，555 定时器引脚图如图 8-3 所示，引脚功能说明如下。

① 引脚 1：GND，接地端。

② 引脚 2：$\overline{TR}$，低电平触发端。触发 NE555 时启动其时间周期。触发信号上沿电压需大于 $2/3U_{CC}$，下沿需低于 $1/3U_{CC}$。

③ 引脚 3：OUT，输出端。NE555 时间周期开始时输出高电位 $=U_{CC}-1.7V$，最大输出电流约 200mA；时间周期结束时输出低电位约为 0V。

④ 引脚 4：$\overline{RD}$，复位端。输入负脉冲低于 0.7V 时，使输出回到低电位。不用该端时可直接接到 U_{CC} 端。

⑤ 引脚 5：CO，电压控制端。可由外部电压改变触发和闸限电压。当计时器在稳定或振荡状态时，能改变或调整输出频率。

⑥ 引脚 6：TH，高电平触发端。输入电压必须高于 $2/3U_{CC}$。

⑦ 引脚 7：C，放电端。与外接电容一起构成放电回路。

⑧ 引脚 8：U_{CC}，电源端，工作电压范围 3～18V。

（六）光敏三极管

1. 特点

光敏三极管和普通三极管相似，有电流放大作用，但是其集电极电流不只是受基极电路和电流控制，同时也受光辐射控制。通常基极未引出。

其光源可以是普通光，如电筒，也可以是红外光，如电视机、空调等遥控器发出的信号，故又称红外接收管。

光敏三极管外形与引脚如图 8-4 所示。

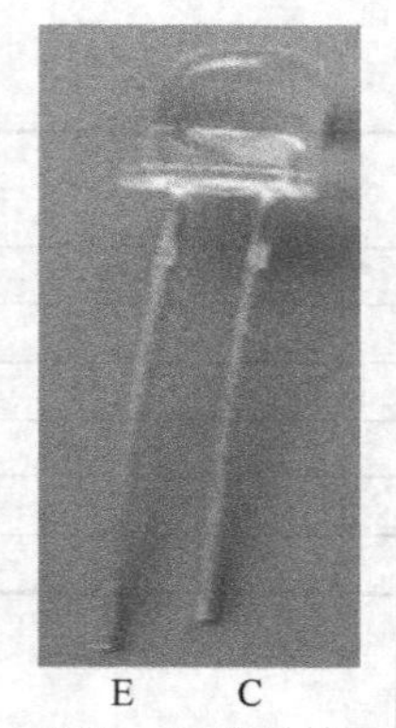

图 8-4　光敏三极管外形与管脚图

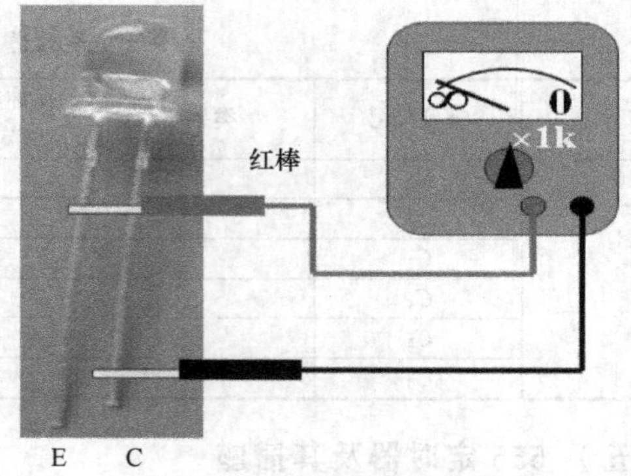

图 8-5　光敏三极管检测图

2. 检测

用指针式万用表合适挡位，如图 8-5 所示操作。有光照时，C、E 两极间导通，数据填入表 8-5。

表 8-5　光敏三极管检测表

光照度	C、E 间电阻/Ω
自然光	
强光	

（七）声敏传感器

1. 特点简介

将外界声场中的声音信号转换成电信号，又称驻极体话筒或麦克风。此种话筒体积小，结构简单，电声性能好，价格低廉，在盒式录音机、无线话筒与声控产品中应用非常广泛。由于输入和输出阻抗很高，在其内部设置一个场效应管作为阻抗转换器，所以工作时需要直流工作电压。

驻极体话筒的灵敏度是实际使用中比较关键的问题。一般来说，在动态范围要求较大的场合，应选用灵敏度低一些的话筒，将其配置在有带宽限制、增益高一些的电路中使用，这样会使背景噪声较小，信噪比较高，声音听起来比较清晰、干净。在简易产品中，可选用灵敏度高一些的话筒，话筒对声音信号反应灵敏，可减轻对后级放大电路增益的要求。

驻极体话筒使用时，有条件的话最好使用音频屏蔽线，以免外界干扰波对后级放大电路带来影响。还应注意与前后级电路阻抗匹配，高阻抗话筒不可以直接与低输入阻抗的电路相连。此外，高阻抗话筒引线不宜过长，否则易引起各种杂音并增加频率失真。

2. 极性识别

该话筒为机装型两端式驻极体话筒，其内部的场效应管漏极和源极直接作为话筒的引出电极。如图 8-6 所示，一个为漏极 D（或正电源/信号输出脚），另一个有标志者为源极 S（或接地引脚），且源极与话筒金属外壳相连。

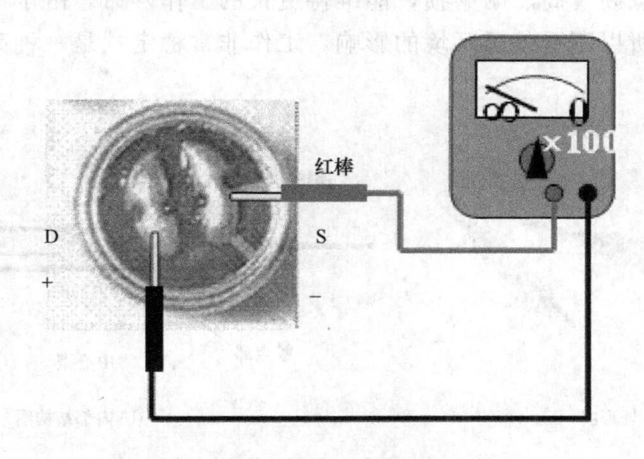

图 8-6　声敏传感器检测图

除了从外观识别极性之外，尚可用指针式万用表来快速判别。第一种方法，拨至 Ω×1k 挡电调零后，红、黑表笔分别任意接两个电极，再对调两表笔测量，两次测量中阻值较大时，黑表笔所接是 D 极。第二种方法，将万用表拨至 Ω×100 挡电调零后，红表笔接外壳，黑表笔依次接两电极：当阻值为几千欧姆时，黑笔所接为 D 极；阻值为零时，黑笔所接为 S 极。

3. 质量检测

用指针式万用表合适挡位，如图 8-6 所示正向检测状态时，万用表显示有电阻值。用嘴对准话筒声音感应面轻轻吹气，要求吹气速度慢且均匀。如果吹气瞬间，指针向右摆动幅度增大，即阻值迅速减小，则说明该话筒灵敏度高；如果指针摆动小或根本不动，则说明性能差或已经损坏，不宜使用。而反向测量，吹气没什么变化。将测量结果填入表 8-6。

表 8-6 麦克风检测表

阻值/Ω	初始状态	吹气
正向阻值		
反向阻值		

（八）干簧管

1. 特点

干簧管是一种磁敏特殊开关，可以作传感器用，如用于计数、限位等。有一种自行车里程计，就是在轮胎上粘上磁铁，在一旁固定干簧管构成的。干簧管装在门上，可作为开门时的报警、问候等。在“断线报警器”制作中也用到干簧管。在本产品中当开关使用，为 555 定时器的 2 脚提供低电平信号。

它由一对磁性材料制造的无极性弹力舌簧组成，密封于玻璃管中，如图 8-7（a）所示；舌簧端面互叠，留有一条细间隙，类似一对常开型触点，如图 8-7（b）所示。其触点部分由惰性贵金属铑 Rh 做成。该材料熔点高，能减少电弧放电对触点表面的损耗，而且铑触点硬度高、耐磨损，能维持更长的工作寿命。由于干簧管的触点被密封在玻璃管内，所以不受外界环境的影响，工作非常稳定，是一种高性能、低价格的理想磁敏传感器。

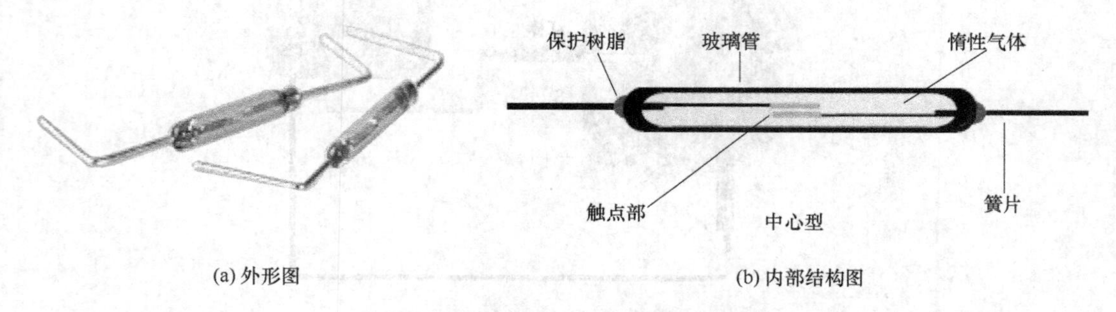

(a) 外形图　　(b) 内部结构图

图 8-7　干簧管内部结构与外形图

2. 检测

用万用表合适挡位，两表笔接触干簧管两端。当用磁铁如喇叭靠近干簧管舌簧使其被磁化时，两舌簧吸合导通，此时阻值为零。当磁力消失时，舌簧因自己的弹力分开，阻值为∞。

3. 使用注意事项

不要摆放在阳光强烈的地方，更不要跌落到地板上。焊接时，注意温度不宜过高，高温会影响触点距离，也即改变干簧管灵敏度，导致干簧管损坏。

三、机器猫拆卸与绘图

（一）拆卸前检查

① 装入三节五号电池，检查猫眼与尾巴灯、猫叫、电机带动猫腿走动情况。

② 装入一节五号电池，检查小手电筒。

（二）拆卸

① 拆卸猫肚四个自攻螺钉。

② 拆卸猫左右前腿两种规格四个自攻螺钉。

③ 拆卸猫背外壳。

（三）检查与记录

① 标注电动机极性。

② 将万用表打到合适挡位，红笔为M−，黑笔为M+，检查电动机直流电阻。

③ 标注电源（即电池盒）极性。

④ 检查并标注猫眼灯极性。

⑤ 检查并标注猫尾灯极性。

⑥ 记录音乐片负极（白线）连接位置。

（四）观察与绘图

① 电源+为开关进线。

② M+为开关出线、电机动片、音乐片+。

③ M−为猫眼与尾灯阴极。

④ 电机静片为猫眼与尾灯阳极。

⑤ 电源−为音乐片−(白)、M−(黑)。

⑥ 绘制各部件软导线连接图。

四、印制电路板装配

（一）装配流程

先将靠“电机+”端的两个安装孔用合适孔径的钻头钻大，便于后面安装。

按前面“元器件识别与检测”模块中的序号装配机器猫各元器件，其中，“序号14”的555定时器等总装时再插入。

① 序号1：R_1 与 R_{10}。

② 序号2：R_2 与 R_3。

③ 序号3：R_4、R_5 与 R_9。R_9 不要堵塞其旁边的焊孔。

④ 序号4：R_6 与 R_7。

⑤ 序号5：R_8。不要堵塞其旁边焊孔。

⑥ 序号6：VD_2。注意极性，焊锡量适当，不要影响其旁边已焊好的两个焊孔。

⑦ 序号7：VD_1。注意极性，电烙铁预热时间稍长些。

⑧ 序号8：$VT_1 \sim VT_4$，安装高度不宜太高。注意型号与管脚正确安装。

⑨ 序号9：VT_5，安装要求同序号8。

⑩ 序号10：C_2。注意成形形状，装好后倒卧，有数值面朝上。

⑪ 序号11：C_1、C_3。注意极性，装好倒卧，有数值面朝上。

⑫ 序号12：C_4、C_5。注意极性，在A面的引脚长度留几毫米，先卧后焊，C_5 数

值面只能朝下。

⑬ 序号 13：C_6。注意极性，先卧后焊，数值面朝上。

⑭ 序号 14：集成块座。注意正确插入引脚，压紧后先焊两对角线的四只引脚。集成块等总装时插入。

⑮ 序号 15：电动机 M。焊脱“电源－”与“M－”间的黑线。将音乐片连在“电源－”的白线改接至“M－”，使猫只有在走动时才叫。

⑯ 序号 16：改装电动机 M。“板电机－”焊黑线→M－；“板电机＋”焊红线→M＋动片。

⑰ 序号 17：干簧管 A_1。“板磁控＋”、“板磁控－”焊两根绿线（焊点在 A 面）至干簧管两引脚，并用绝缘胶布包住焊接头，再紧贴机壳固定在猫背上（**注意**：“板磁控－”与“板电源－”共用一个焊孔，故绿线在 A 面，黑线在 B 面）。

⑱ 序号 18：电源。可看出“板电源＋”与“电机＋”已相通，故不用再单独接线。“板电源－”焊黑线（焊点在 B 面）至“电池盒－”。

⑲ 序号 19：光敏三极管 A_2。焊两根 35mm 长白线，标注长、短引脚，用绝缘黄蜡管套住其中一只引脚防短路；拆卸猫头外壳，将管感光窗口对准猫鼻固定；两根白线穿过猫脖下伸到猫肚，短引脚 C 为板红外接收＋，长引脚 E 为板红外接收－；装回猫头外壳。

⑳ 序号 20：声敏传感器 A_3。两引脚搪锡，用细导线将其绑至外壳猫胸前活动块处；“声敏传感器＋”焊红线至“板麦克风＋”；“声敏传感器－”焊黑线至“板麦克风－”。

㉑ 序号 21：猫尾指示灯。检查阴极绿线→M－（或板指示灯－），阳极绿线→M＋静片（电机动时由齿轮推动 M 动片搭至静片送电灯才亮）。

㉒ 序号 22：猫眼指示灯。检查阴极两根线→M－，阳极两根线→M＋静片（电机动时才亮）。

㉓ 序号 23：检查全部元器件与连接导线。

㉔ 序号 24：555 定时器 IC_1，按引脚号装入。

㉕ 序号 25：检查输出电阻。

㉖ 序号 26：总装，初步检测各项功能之后再执行。

（二）装配工艺指导卡

在装配流程中选出较典型的工艺操作，编制成相应工位的装配工艺指导卡，要求清楚地写明某工位的操作内容，即作业名称、作业步骤、装配元器件的名称、型号规格、数量、使用的仪器与型号、工具及其规格、装配注意事项，并图示元器件在印制电路板或外壳上的装配位置等，具体格式与内容要求见附录一（电子装配工艺指导卡）。

（三）装配注意事项

一般来说在装配过程中，应先装配矮、小、轻及布局在中间的元器件。具体事项详见“装配流程”中说明。

五、智能机器猫功能测试

（一）光控测试

准备小手电筒；照射猫鼻，猫走动若干时间停止；电机转时，猫眼灯与尾灯间歇亮，扬声器一直发出猫叫声，一直照射，一直走。

（二）声控测试

拍手掌、发出声音或对准猫肚吹气，猫走动若干时间停止；电机转时，猫眼灯与尾灯间歇亮，扬声器一直发出叫声。

（三）磁控测试

用磁铁靠近猫背，猫走动；电机转时，猫眼灯与尾灯间歇亮，扬声器一直叫。拿开磁铁若干时间，猫停止走动。

结合原理图、元器件识别与检测、功能测试，试分析并表述：当分别出现合适的声音、光照与磁力信号时，机器猫的信号流程。

学习情境九　直流稳压电源制作与调试

【实训目标】

1. 掌握安全用电与安全文明生产管理技能。
2. 正确识读直流稳压电源方框图与原理图，掌握编制其元器件功能表的技能。
3. 掌握直流稳压电源元器件的名称、参数、作用与检测方法。
4. 熟悉三端可调输出集成稳压器的型号、特性与使用方法。
5. 掌握直流稳压电源的制作步骤和注意事项。
6. 提高手工焊接技能，掌握集成稳压器等元器件装配技能。
7. 掌握用仪器与仪表调试、测量直流稳压电源及模块法处理故障的技能。
8. 掌握仿真软件测试技能，掌握数据分析与处理技能。
9. 培养良好的学习态度、实训意识与团队协作精神。
10. 培养工具书查阅与运用、语言表达、系统运筹能力。

一、原理图

如图 9-1 所示，220V/50Hz 的交流电压 u_1 加到变压器 T_1 的初级，经过降压，从次级 u_2 输出交流 12V 低压；经四只硅二极管 $VD_1 \sim VD_4$ 组成的桥式整流电路后，变为单向脉动的直流电压；经两只不同容量的电容 C_1、C_2 组成的滤波电路后，滤除不同频率的交流成分，变成较平滑的直流电压，该直流电压加在三端稳压器 LM317 的输入端 3 脚，从输出端 2 脚输出稳定的直流电压。改变电位器 R_P 的阻值，可调节输出电压 U_o 的大小。

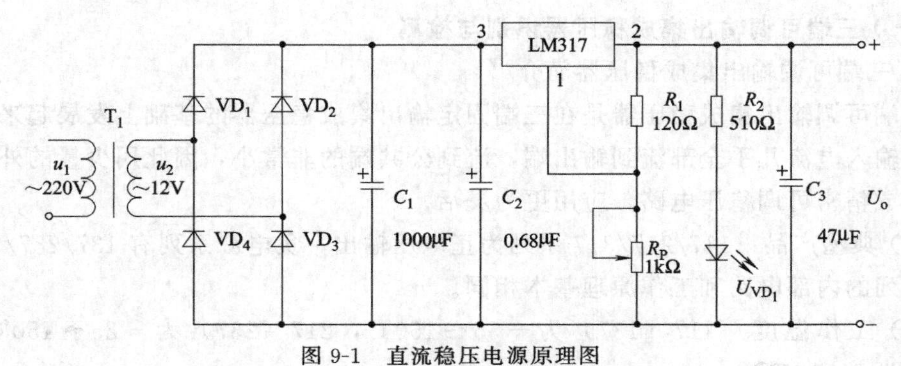

图 9-1　直流稳压电源原理图

已知基准电路工作电流 $I_{REF} \approx 50\mu A$，基准电压 $U_{REF} = 1.25V$，所以有 $I_1 = U_{REF}/R_1 = 1.25V/120\Omega = 10.4mA \gg I_{REF}$，则

$$U_o = U_{REF} + U_{RP} = U_{REF} + (I_{REF} + I_1)R_P \approx U_{REF} + I_1 R_P$$

故

$$U_o \approx U_{REF} + \frac{R_P}{R_1}U_{REF} = U_{REF}\left(1 + \frac{R_P}{R_1}\right)$$

$$U_{omin} = 1.25V \times (1 + 0/120\Omega) = 1.25V$$

$$U_{omax} = 1.25V \times (1 + 1k\Omega/120\Omega) = 11.67V$$

可见，该直流稳压电源输出电压调节范围为 1.25～11.67V，且在忽略 I_{REF} 的前提下，输出电压 U_o 只与 U_{REF}、R_1、R_P 有关，所以稳定。

二、方框图

直流稳压电源方框图见图 9-2，其工作波形见图 9-3。

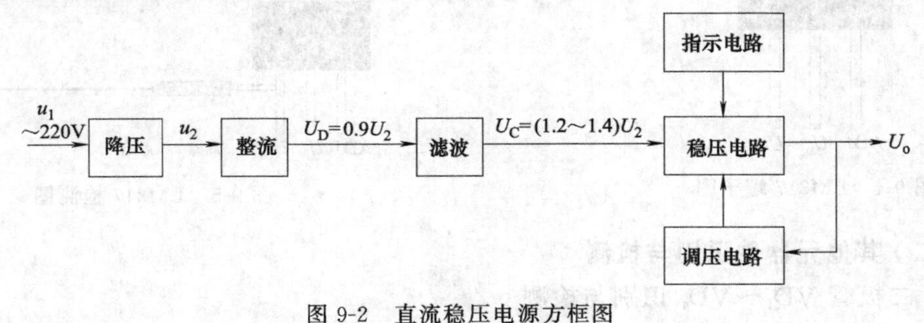

图 9-2　直流稳压电源方框图

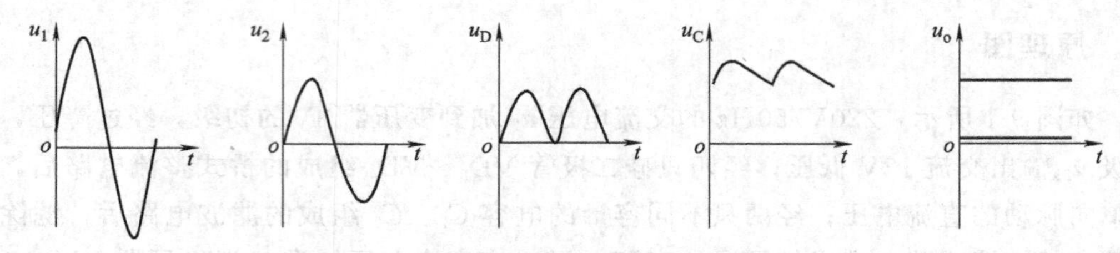

图 9-3　直流稳压电源工作波形

三、元器件识别与检测

（一）三端可调输出集成稳压器识别与检测

1. 三端可调输出集成稳压器简介

三端可调输出集成稳压器是在三端固定输出集成稳压器的基础上发展起来的，集成片的输入电流几乎全部流到输出端，流到公共端的非常小，因此用少量的外部元件即可组成精密可调稳压电路，应用更为灵活。

(1) 典型产品　117/217/317 系列为正电压输出，负电源系列有 137/237/337 等，同一系列的内部电路和工作原理基本相同。

(2) 工作温度　117（137）为－55～150℃，217（237）为－25～150℃，317（337）为 0～125℃。

(3) 输出电流　型号最后标有 L，即 L 型系列 $I_o \leqslant 100mA$，M 型系列 $I_o \leqslant 500mA$，不标注的 $I_o \leqslant 1.5A$。

2. LM317 的识别

如图 9-4 所示，1 脚为调整端，2 脚为输出端，3 脚为输入端。当输入端与输出端之间的压差为 2～40V 时，能保证其基准电压 $U_{REF}=U_{21}=1.25V$。

3. LM317 的检测

将万用表扳至合适电阻挡，红表笔接散热片（带小圆孔），黑表笔依次接 1、2、3 脚，如图 9-5 所示，数据则填在表 9-1 中。

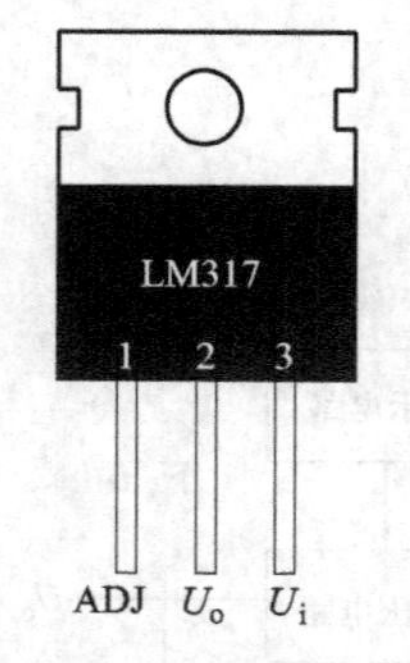

图 9-4　LM317 端子图

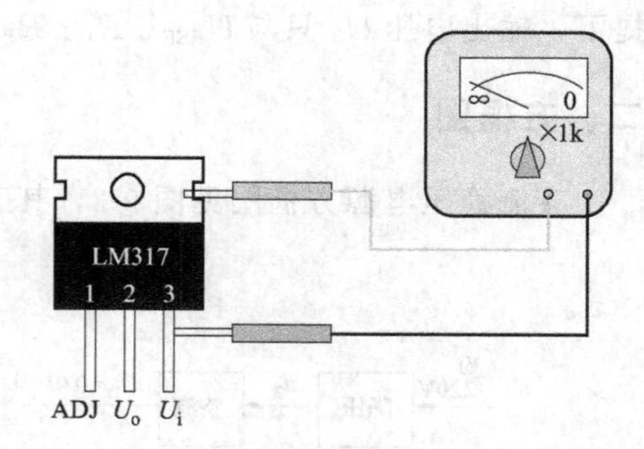

图 9-5　LM317 检测图

（二）其他元器件识别与检测

1. 二极管 VD_1～VD_4 识别与检测

表 9-1 LM317 质量检测表

红笔	黑笔	功能	电阻值/Ω
散热片	1 端子	调整端	
散热片	2 端子	输出端	
散热片	3 端子	输入端	

2. 电解、涤纶电容器 $C_1 \sim C_3$ 识别与检测

3. 色环电阻器 R_1、R_2 识别与检测

4. 电位器 R_P 识别与检测

5. 发光二极管 U_{VD1} 识别与检测

四、元器件功能表编制

结合直流稳压电源原理图及实际元器件的识别与检测，按表 9-2 要求列出该电路的元器件功能表。

表 9-2 直流稳压电源元器件功能表

序号	项目代号	元器件名称	参数	作用
1				
2				
3				
4				
5				
6				
7				
8				
9				
10				

五、印制电路板图设计与绘制

（一）基本概念

1. 布置图

根据电路原理图、元器件的实际尺寸与安装要求等，按一定比例画出由元器件安装孔、电路符号、项目代号等组成的图。LM317 不用画电路符号，但需标出各引脚号码。

2. 布线图

在布置图的基础上，将元器件安装孔转换成一定尺寸的焊盘，并将原理图中元器件之间的电气连线转换成一定尺寸空心导线的图。

（二）设计注意事项

① 搞清设计布线走向，便于对照着原理图一起来调试与检修。

② 留足变压器安装空间，定准其两安装孔间轴心距、孔直径尺寸。

③ 电位器是用来调节输出电压的，设计时应满足顺时针调节电位器输出电压升高，逆时针调节时输出电压降低的规律。其安放位置应满足整机结构安装要求，尽可能放在板的边缘处，方便调节。安装孔位置与孔直径尺寸应准确。

④ 注意 LM317 的引脚排列顺序，间距应合理。散热片安装孔位置与尺寸应准确。

⑤ 预留各模块间的 6 个测试点，详见下面的“测试点设计”。

⑥ 元器件最好分布合理，排列均匀，力求结构严谨，不要浪费空间。

⑦ 元器件尽量横平竖直排列，力求整齐美观，且与实际尺寸吻合。如电容两焊盘间距应尽可能与其引脚间距相同。

⑧ 连线之间或转角必须≥90°。

⑨ 走线按一定顺序，力求直观，尽可能短，尽可能少转弯，便于安装与检修。

⑩ 安装面元器件不允许架桥，焊接面导线不允许交叉。

（三）边框尺寸设定

建议在 $90\times60mm^2$ 的范围内进行设计，这样可直接采用该尺寸的万能板来实现电路。

（四）测试点设计

本实训将运用模块式电路调试方法，故为方便起见，应在以下环节设计合适的测试点。

① 变压器次级两个测试点①、②。

② 4 只二极管 $VD_1\sim VD_4$ 整流之后两个测试点③、④。

③ 两只电容 C_1、C_2 滤波之后两个测试点⑤、④。

④ 直流稳压电源输出两个测试点⑥、④。

⑤ ①～⑥6 个测试点对应着 10 个焊盘。

六、电路制作

① 看懂印制电路板图，搞清实际印制板的装配方向。

② 注意装配顺序：先装小的、低的、轻的、需卧装的元器件，后装大的、高的、重的、需立装的元器件。

③ 色环电阻器的阻值选择正确。

④ 二极管、电解电容器、发光二极管极性装配正确，且注意保证离印制板的合适高度。

⑤ LM317 引脚正确安装，且注意高度，保证散热片能铆上去。

⑥ 留足变压器的安装位置，并定准其安装孔。次级先不焊接到印制板上，等调试好再焊。

⑦ 6 个测试点的焊盘中焊上对应跳针。

⑧ 整流、滤波、稳压三个环节之间先不焊通，调试中用短路帽连接。

七、通电前检查

为确保安全，一个电子产品焊接装配的各个阶段，应按模块进行相应检查，确认无误后，方可总装通电。通电前的故障检查方法有直观目测法、逐点检查法、电阻测量法等。

（1）直观目测法　是根据已设计的产品印制电路板图检查所有元器件，应按指定项目代号、数值、极性、安装要求等正确装配。如检查整流模块时，应确认将四只1N4007型号的二极管按阴、阳极标志卧式装配；与降压模块变压器次级线圈相连的两个焊盘已装配两个独立的测试插针①、②，且错位排列，能预防两接点相碰造成短路现象；与滤波模块连接的测试点③两个焊盘装配两个紧挨的插针，但焊接面这两个焊盘断开，在装配面通过短路帽相连。

（2）逐点检查法　运用指针式万用表Ω×1挡或数字万用表"—▶|—·)))"挡，根据电路原理图，将两表笔放置在各等电位点逐一检查，指针表应偏转到零电阻值，数字表在显示零的同时还发出"嘀"声，以排除用万能板制作时的元器件引脚及电气连线的虚焊现象。如VD_4阳极、VD_3阳极、C_1负极、C_2一个引脚、R_P一个引脚、发光二极管阴极、C_3负极、④号测试点，一个焊盘全部为直流稳压电源负极的等电位点，都应相通。

（3）电阻测量法　选择万用表合适挡位，根据电路原理图，检查关键元器件的在路电阻，或检查各模块电阻，或检查产品整机的总电阻，以排除短路、开路等故障。如将指针式万用表打到Ω×1k挡，按表9-3检查整流模块各测试点，红、黑表笔接测试点①、②时均为∞。当将红表笔接阴极即③测试点、黑表笔接阳极即④测试点时，此为正向测量状态，指针应偏转，阻值为8kΩ左右；而调换表笔为反向测量状态，阻值应为∞。

表9-3　整流模块电阻测量

接法	红→①，黑→②	红→②，黑→①	红→③，黑→④	红→④，黑→③
阻值				

如果有些产品用硅整流桥替代四只二极管构成桥式整流模块时，对应如表9-4所示，也可于通电之前用电阻测量法来检查硅整流桥质量好坏。常用的硅整流桥外部引脚排列如图9-6（a）所示，内部对应电路如图9-6（b）所示。

表9-4　硅整流桥电阻测量

接法	红→a，黑→b	红→b，黑→a	红→c，黑→d	红→d，黑→c
阻值				

下面结合三种方法对直流稳压电源做通电前各项检查。

① 保证VD_1～VD_4极性、C_1与C_3极性、LM317引脚均正确装配。

② 确认R_P中心抽头与其中一个固定端之间阻值应该可连续调节，且顺时针旋转时阻值增加。

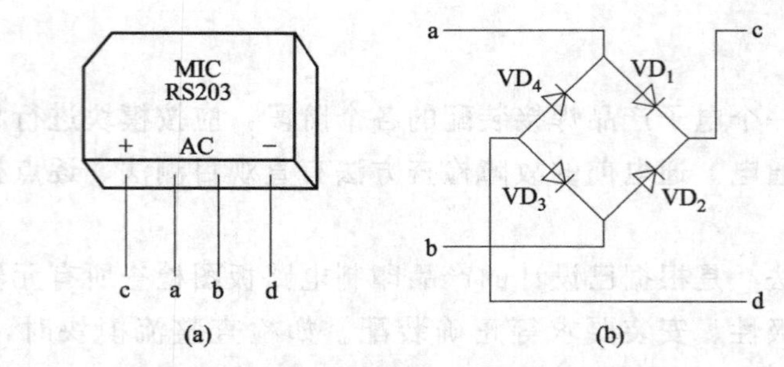

图 9-6　硅整流桥引脚排列和内部电路图

③ 检查U_{VD1}发光二极管极性：指针式万用表 Ω×10 挡，黑笔接阳极，红笔接阴极，应发光。

④ R_1、R_2 标称阻值核对。

⑤ 检查 6 个测试点的数量与设置位置。确保取下短路帽时，前后模块能正确断开；安上短路帽时，各模块连接。

⑥ 检查整流模块正反向电阻。用指针式万用表合适挡位，按表 9-4 要求的接法检查，正常则继续，不正常则查找此模块故障。

⑦ 检查滤波模块漏电阻。用指针式万用表合适挡位，检查滤波模块电容器，如无充放电现象，或者正反向漏电阻值不吻合，则说明需查找此模块故障。

⑧ 检查稳压、调压与指示模块电阻。与整流、滤波模块断开时，用指针式万用表合适电阻挡，在直流稳压电源输出端测量电阻。当红表笔接正极输出端即⑥测试点，黑表笔接负极输出端即④测试点时，调节电位器 R_P，阻值应在 120Ω～1kΩ 范围变化；当红表笔接负极时、黑表笔接正极时，调节 R_P，阻值应在 120～650Ω 范围变化，同时发光二极管发光，由暗逐渐变亮。短路、开路或阻值不吻合，则为不正常，不允许通电，必须对应检查稳压、调压与指示模块的故障。

八、通电前准备工作

① 用万用表合适电阻挡，检查变压器初级线圈直流电阻＝______Ω，短路或断路的不允许使用。

② 用万用表合适电阻挡，检查变压器次级线圈直流电阻＝______Ω，短路或断路的不允许使用。

③ 用兆欧表或万用表高阻挡，检查变压器绝缘电阻，以防止变压器漏电，危及人身和设备安全。初、次级线圈之间电阻＝______Ω，初级线圈与接地屏蔽层之间电阻＝______Ω，次级线圈与接地屏蔽层之间电阻＝______Ω，未达到绝缘指标者不允许使用。

④ 使变压器接市电，初级电压 U_1＝220V，检查变压器温升，若短期通电就明显升温，甚至发烫，则说明变压器质量较差，不能使用。

⑤ 用万用表合适交流电压挡，测量次级输出电压 U_2＝______V，应为 12V 左右，

才可做下一步操作。

⑥ 断电，将变压器次级线圈套好绝缘黄蜡管，焊接到印制板的①、②测试点。

九、通电测试

产品未通电前经过严格检查，满足要求的允许通电。在通电过程中可根据实际产品，灵活运用万用表、示波器、信号发生器等仪表仪器，采取电流测量法、电压测量法、波形观测法、信号注入法等进行故障排查。本直流稳压电源主要运用电压测量法与波形观测法。

（1）电流测量法　用万用表合适电流挡测量整机工作电流或电路各关键支路电流。如学习情境五中，要求测量整机的总静态工作电流 I、VT_3 基极电流 I_{B3} 和 VT_4 发射极电流 I_{E4}，在 EWB 仿真软件故障模拟中也多次运用此法来发现与排除故障。

（2）电压测量法　用万用表合适电压挡测量产品元器件引脚或模块的工作电压，再通过 EWB 仿真或理论分析获得正常电压值，将两者进行比较，从而快速缩小故障范围，查找到故障在某一个模块或某一个元器件并及时排除。这是电子产品维修中应用最广泛的检查方法之一，也是在本教材中用得最多的方法。

运用电流、电压测量法时，首先应注意合理选择万用表功能挡与量程。根据测量对象是直流量还是交流量，对应选择直流或交流功能挡；量程过大会造成误差大，量程太小将烧坏万用表，故一般使万用表指针落在刻度盘 2/3 处为宜。

其次，运用电流、电压测量法时，如果测量对象是直流量，还应注意表笔极性正确连接。测量直流电流，应让电流从红表笔流入，黑表笔流出，万用表串接于电路支路中；测量直流电压，应将红表笔接高电位，黑表笔接低电位或零电位，万用表与测量对象并联。如果测量对象为 50Hz 交流电压，则不分极性，从刻度盘上读出的为有效值。如果是其他频率的交流电压，需使用毫伏表测量。

（3）波形观测法　根据被观测对象的频率、电压，分别选择示波器的合适 X 轴灵敏度、Y 轴灵敏度，在获得数据的同时，能直观观察波形形状，从而可判断故障所在位置。如果观察对象是交流量，注意示波器测量的电压数值为峰峰值。本产品下面即将操作的内容即属此方法，本教材多个学习情境中均用到该法。

（4）信号注入法　用信号发生器提供合适频率、幅值的模拟信号，注入到各级放大电路的输入端，利用扬声器声音或示波器波形来缩小故障范围，判断故障所在位置。学习情境六和七及仿真波形观测中运用到该方法。

下面以该直流稳压电源为研究对象，运用电压测量法。要求均用万用表直流电压挡测量，合理选择量程；测量数据应与整流、滤波、稳压、调压各模块理论值作比较，在误差允许范围内不吻合者，应查找相应模块内各元器件本身或连接故障后，方可继续调试与测量。

① 测量整流后输出电压 U_D＝______V，与变压器次级电压有效值 U_2 的关系，U_D＝______U_2。

② 测量滤波后空载输出电压 $U_{C空载}$＝______V＝______U_2。

③ 测量滤波后带负载输出电压 $U_{C带负载}$＝______V＝______U_2。

④ 测量三端稳压器 LM317 的 2 脚与 1 脚间输出电压 U_{21}＝______V。

⑤ 测量电位器 R_P 的中心抽头与某一固定端之间的电压调节范围，顺时针调节从小到大为______～______V。

⑥ 顺时针调节电位器，测量直流稳压电源输出电压 U。调节范围从小到大为______～______V。

十、波形观测

将示波器各旋钮调整到能正常观察与测量波形的状态，依次观察下列波形，并应与理论上的波形作比较。若吻合，则描绘降压、整流、滤波空载与带负载、调压波形于图 9-7 中，并记录每次用到的 X 轴与 Y 轴灵敏度值，然后得出用示波器观测到的电压数值（交流电压是最大值），与前面“通电测试”中万用表所测数值（交流电压是有效值）进行比较，看是否吻合；若不吻合，应查找相应模块内各元器件本身或连接故障后，方可继续调试与观察。

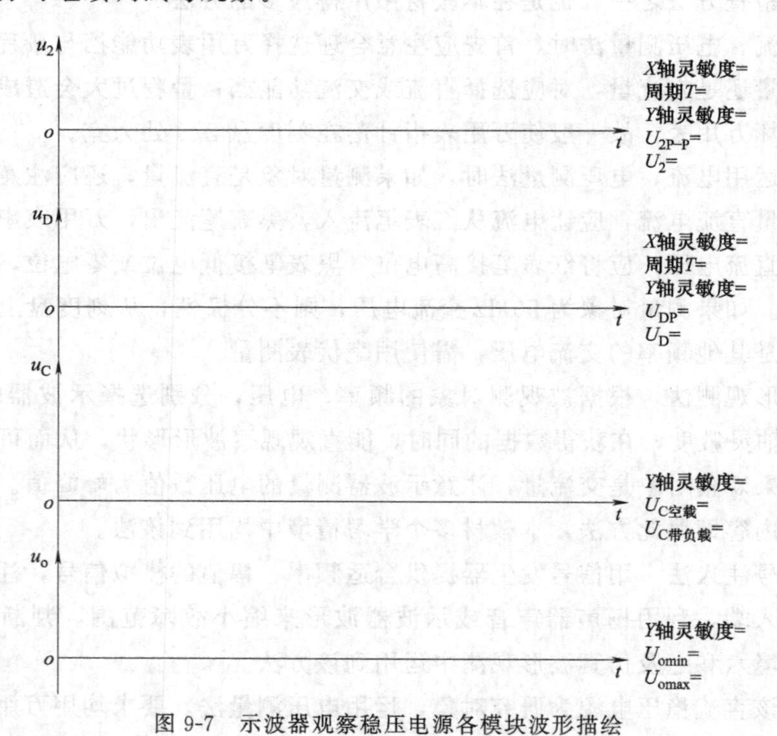

图 9-7 示波器观察稳压电源各模块波形描绘

① 变压器次级线圈输出电压 u_2 波形，U_{2P-P}＝______V，则 U_2＝______V。

② 整流后 u_D 波形，U_{DP}＝______V，则 U_D＝______V。

③ 滤波后空载 $u_{C空载}$ 波形，$U_{C空载}$＝______V。

④ 滤波后带负载 $u_{C带负载}$ 波形，$U_{C带负载}$＝______V。

⑤ 三端稳压器 LM317 的输出端 2 脚与调整端 1 脚之间的电压 u_{21} 波形，U_{21}＝______V。

⑥ 顺时针调节电位器时，其中心抽头与某一固定端间变化的电压波形，电压为______～______V。

⑦ 顺时针调节电位器时，直流稳压电源输出电压 u_o 波形，其电压范围 U_o＝______～______V。

十一、质量指标测量

（一）电压调整率S_U 测量

① 如图 9-8 所示，将制作的直流稳压电源接入测量电路中。即直流稳压电源的变压器初级线圈接调压器的输出端，直流稳压电源的输出端接负载 R_L、限流保护电阻 R_3，并接入测量直流电流与电压的仪表。

② 使调压器输出为 220V。

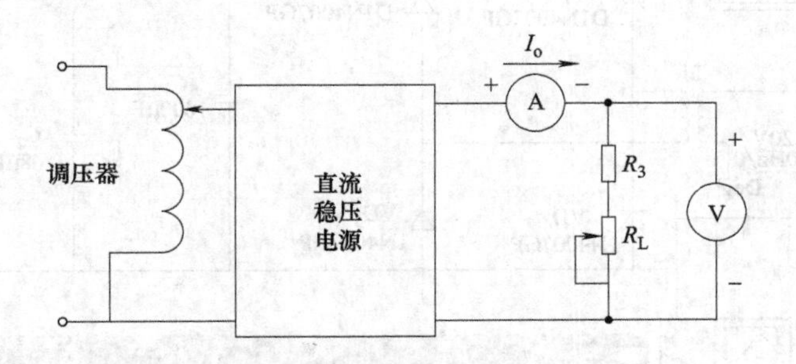

图 9-8　直流稳压电源质量指标测量电路

③ 调节直流稳压电源输出，使 U_o 为额定区间值 8V；调节负载 R_L，使 I_o 为额定值。

④ 分别使调压器输出增加 10%，即 242V，减小 10%即 198V，测量两者对应的稳压电源输出，即可求得两个输出电压变化量 ΔU_o。

⑤ 将 ΔU_i、较大的 ΔU_o 代入到 S_U 计算公式中，即可得到该直流稳压电源的电压调整率。S_U 越小，直流稳压电源的稳压性能越好。

$$S_U=\frac{\Delta U_o/U_o}{\Delta U_i}\times 100\%\Bigg|_{\substack{\Delta I_o=0\\ \Delta T=0}}$$

（二）电流调整率S_I 和输出电阻R_o 测量

① 保持调压器输出为 220V，即直流稳压电源初级线圈输入为 220V。

② 将负载开路，使负载电流为零，测量直流稳压电源输出电压。

③ 调节 R_L，使负载电流为额定值，测量直流稳压电源输出电压。

④ 将从上两步获得的输出电流变化量 ΔI_o、输出电压变化量 ΔU_o，分别代入 S_I 与 R_o 计算公式，即可得到该直流稳压电源的电流调整率、输出电阻。S_I 越小，说明直流稳压电源输出电压受其负载电流的影响越小，性能越好。R_o 越小，说明直流稳压电源带负载能力越强，性能越好，一般小于 1Ω。

$$S_{\mathrm{I}}=(\Delta U_{\mathrm{o}}/U_{\mathrm{o}})\times 100\%\Big|_{\substack{\Delta I_{\mathrm{o}}=I_{\mathrm{oMAX}}\\ \Delta T=0,\Delta U_{\mathrm{I}}=0}},R_{\mathrm{o}}=\frac{\Delta U_{\mathrm{o}}}{\Delta I_{\mathrm{o}}}\Big|_{\substack{\Delta U_{\mathrm{I}}=0\\ \Delta T=0}}$$

（三）纹波电压测量

保持调压器输出为220V，在直流稳压电源输出为额定电压区间值8V、额定输出电流的状态下，用示波器测量输出电压 u_{o} 的交流电压峰值，即可得到该直流稳压电源的纹波电压峰值，再换算为纹波电压有效值。

十二、仿真软件测试

（一）原理图绘制

打开EWB软件，按图9-1绘制直流稳压电源的降压、整流与滤波三个环节，如图9-9所示。

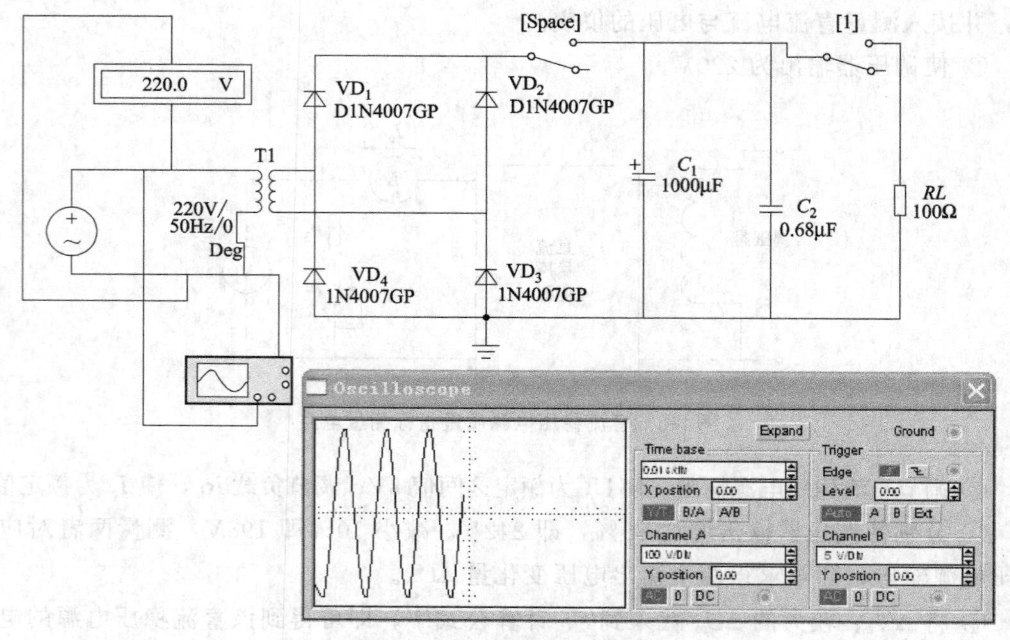

图9-9　仿真原理图与测试图

① 调出变压器 T_1 图标。从 Basic 基本元件库中选取 Nonlinear Transformer非线性变压器。

② 打开变压器特性设置对话框。双击 T_1 图标，在Models模型下拉对话框中单击“Edit”按钮，打开sheet1下拉对话框。

③ 设置变压器初级线圈参数。在Primary turns（N1）、Primary resistance（R1）空白框中分别输入初级线圈匝数、直流电阻值。

④ 设置变压器次级线圈参数。在Secondary turns（N2）、Secondary resistance（R2）空白框中分别输入次级线圈匝数、直流电阻值。

⑤ 设置变压器初级线圈电压输入信号方案一。从 Source 信号源库中选取

AC Voltage Source 交流电压源。双击该图标，在 Value 数值下拉对话框的 Voltage 和 Frequency 空白框中分别设置电压有效值、频率。

⑥ 设置变压器初级线圈电压输入信号方案二。从 Instruments 仪器库中选取 Function Generator 函数信号发生器。双击该图标，在 Frequency 和 Amplitude 空白框中分别设置频率、电压最大值，使用信号发生器的“＋”端和“公共”端与变压器对应端相连。

⑦ 调出虚拟示波器。从库中选取 Oscilloscope，将其 A 或 B 通道、接地端与对应测试点相连。双击该图标，设置 X、Y 通道等参数。

⑧ 调出虚拟数字电压表。从 Indicator 指示器件库中选取 Voltmeter。双击该图标，在 Value 对话框的 Resistance 和 Mode 空白框输入表内阻、交直流测量模式。

⑨ 调出虚拟数字万用表。从库中选取 Multimeter。双击该图标，选择挡位、交直流测量模式。

（二）数据测量、波形观察与绘制

① 用虚拟数字电压表或数字万用表的合适挡位，测量变压器初级电压有效值U_1＝______V。

② 将虚拟示波器接至变压器初级，选择合适的 X、Y 轴灵敏度，观察并绘制 u_1 波形于图 9-10，$U_{1P\text{-}P}$＝______V，则 U_1＝______V，并与步骤①比较。

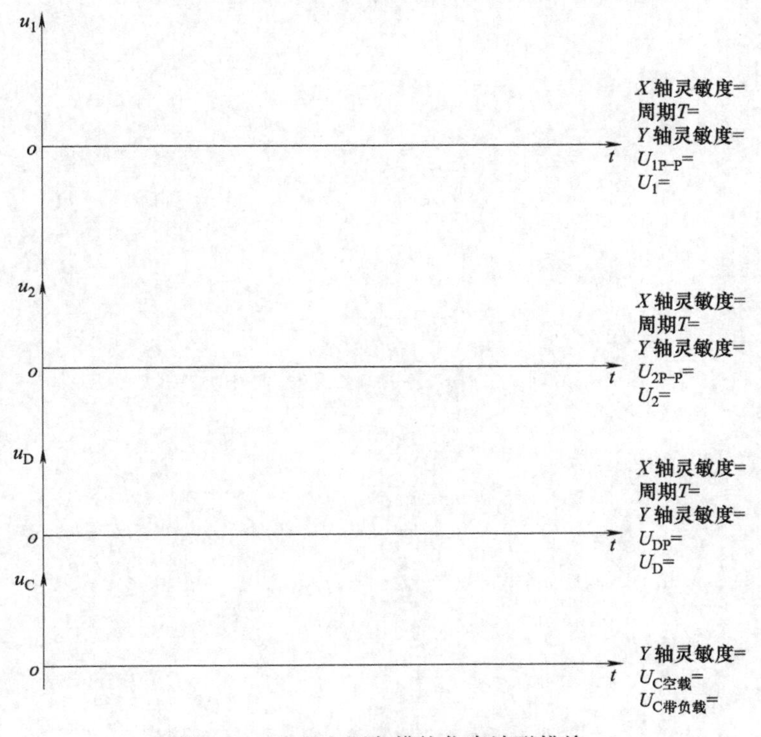

图 9-10　稳压电源各模块仿真波形描绘

③ 测量变压器次级电压 $U_2=$______V，观察并绘制变压器次级输出电压 u_2 波形，$U_{2P-P}=$______V，则 $U_2=$______V。

④ 测量整流模块后输出电压有效值 $U_D=$______V，观察并绘制其波形，$U_{DP}=$______V，则 $U_D=$______V。

⑤ 按 Space 键，测量滤波后空载输出电压 $U_{C空载}=$______V，观察并绘制其电压波形，且 $U_{C空载}=$______V。

⑥ 按数字 1 键，使滤波环节之后并联适当的负载电阻 R_L，测量滤波后带负载输出电压 $U_{C带负载}=$______V。仔细观察并绘制其电压波形，记录此时的电压值 $U_{C带负载}=$______V。

（三）故障模拟

① 将任意一只二极管开路，测量整流模块后的电压______V，观察、描绘其波形，并结合原理图分析数据与波形。

② 将任意一只电容器短路，测量滤波模块后的电压______V，观察其波形，并结合原理图分析可能产生的后果。

③ 将负载短路，测量输出电压______V，观察其波形，并结合原理图分析可能产生的后果。

学习情境十　药品仓库控制电路设计与调试

【实训目标】

1. 掌握安全用电与安全文明生产管理技能。

2. 训练根据控制要求与控制流程设计完整控制电路方框图的能力。

3. 训练根据方框图设计原理图并选择部分元件参数的能力。

4. 掌握仿真软件辅助电路原理图设计技能。

5. 掌握根据原理图与实际元器件设计印制电路板图的能力。

6. 掌握传感元器件等识别与检测技能，掌握编制元器件功能表技能。

7. 掌握控制电路装配工艺与制作技能。

8. 掌握用仪器与仪表调试控制电路功能及故障处理技能，掌握数据测量、分析与处理技能。

9. 培养良好的实训意识、团队合作、语言表达能力。

10. 培养工具书查阅与运用、观察与逻辑推理、系统运筹能力。

一、控制要求

为了保证某些药品不变质，要求其存放在低温或室温以下的环境中，要求通风良好且避免强光照射；而当存储条件发生变化时，应及时告知或采取相应措施。

根据个人的兴趣与能力，自主选择下面任一种控制要求，结合控制流程进行方框图、原理图、印制电路板图等技术文件的设计。

（一）单输入单输出温控电路

温度信号自动实时采集，室温以下绿灯指示，温度高时绿灯灭（70 分）。

（二）单输入双输出温控电路

温度信号自动实时采集，室温以下绿灯指示，温度高时红灯报警（80 分）。

（三）双输入双输出温、光控电路

温度信号与光信号通过人工方式切换后实时采集，但每种信号可自动感应；室温以下、光线弱与自然光时绿灯指示，温度高或强光时红灯报警（90 分）。

（四）双输入四输出温、光控电路

温度信号与光信号通过人工方式切换后实时采集，但每种信号可自动感应；室温以下、光线弱与自然光时绿灯指示，温度高或强光时红灯报警，同时控制相应电动机运转（100 分）。

二、控制流程识读与方框图设计

（一）温控电路控制流程

当传感器接收到变化的温度信号后，把它变成电信号传送到控制器，控制器将该信号转换成控制信号去推动执行器，让开关闭合或断开去控制指示器，使发光二极管亮或灭，并控制相应电动机运转。

（二）温控电路方框图设计

【任务 1】根据控制要求与控制流程，在图 10-1 基础上设计正确、完整的温控电路方框图。

【任务 2】将上述控制流程中的传感器、控制器、执行器、指示器等设计替换成相应的元器件名称，并填写在图 10-1 圆括号内。

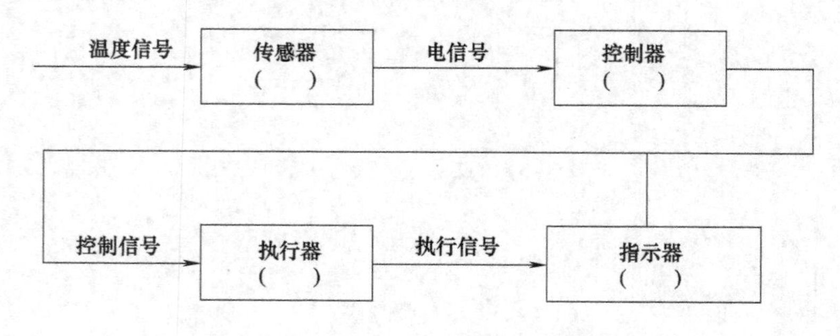

图 10-1　温控电路部分方框图

（三）光控电路控制流程

【任务 3】仿照温控电路陈述光控电路的控制流程。

（四）光控电路方框图设计

【任务 4】根据控制流程，设计正确、完整的光控电路方框图。

三、原理图设计

（一）温控电路原理图设计

【任务 5】根据温控电路方框图，设计相应的原理图。

【任务 6】试陈述温控电路工作原理。

（二）光控电路原理图设计

【任务 7】根据光控电路方框图，设计相应的原理图。

【任务 8】试陈述光控电路工作原理。

四、发光二极管限流电阻参数设计

（一）绿色发光二极管限流电阻参数设计

假设绿色发光二极管的工作电压为 2.5V，正向电流≥2mA 即可发光，最大正向电流为 20mA。为使发光二极管能正常发光但又不被烧坏，试设计选用合理的电阻。

（二）红色发光二极管限流电阻参数设计

假设红色发光二极管的工作电压为 1.7V，正向电流≥5mA 即可发光，最大正向电流为 20mA。为使发光二极管能正常发光但又不被烧坏，试设计选用合理的电阻。

五、元器件识别与检测

（一）热敏电阻

1. 简介

热敏电阻是一种对温度反应灵敏的传感元件，其电阻值会随着温度变化而发生相应变化，因此被广泛地运用于工程测量与控制电子线路中，如手机电池的温度保护等。

2. 主要特点

① 灵敏度较高，其电阻温度系数要比金属大 10～100 倍以上，能检测出 10^{-6}℃ 的温度变化。

② 工作温度范围宽。常温器件适用于－55～315℃，高温器件适用温度高于 315℃（目前最高可达到 2000℃），低温器件适用于－273～55℃。

③ 体积小。能够测量其他温度计无法测量的空隙、腔体及生物体内血管的温度。

④ 使用方便。电阻值可在一定范围内任意选择。

⑤ 易加工成复杂的形状，可大批量生产。

⑥ 稳定性好，过载能力强。

3. 分类

如果阻值随着温度升高而增加，称为正温度系数热敏电阻（Positive Temperature Coefficient，PTC）。

如果阻值随着温度升高而减小，称为负温度系数热敏电阻（Negative Temperature Coefficient，NTC）。它是以锰、钴、镍和铜等金属氧化物为主要材料，采用陶瓷工艺制造而成的。这些金属氧化物材料都具有半导体性质，因此在导电方式上完全类似硅、锗等半导体材料。温度低时，这些氧化物材料的载流子（电子和空穴）数目少，所以其电阻值较高；随着温度升高，这些金属氧化物的载流子数目将增加，所以电阻值降低。各种规格的NTC热敏电阻器在室温下的变化范围为100Ω～1MΩ，温度系数－2％～－6.5％。

4. 识别与阻值检测

① 观察热敏电阻的外形，并记录其规格。

② 将数字万用表打到摄氏温度测量挡，接好热电偶，将冷端探头紧挨热敏电阻。也可使用专门的数字温度表测量。

③ 选用指针式万用表或数字万用表合适电阻挡位，将其两个表笔接在热敏电阻的两个引脚上。

④ 同时观测热敏电阻的温度与对应的电阻值。

⑤ 按表10-1要求，根据天气情况，决定给热敏电阻降温还是加温后，测量所有数据。

⑥ 根据表10-1数据判断该热敏电阻类型。

表10-1 热敏电阻阻值测量表

温度 T/℃	阻值 R_t/kΩ
18	
25	
30	

（二）光电二极管

(有缺口)

C A

图10-2 光电二极管

1. 简介

光电二极管是一种能将光信号变成电信号的半导体传感器件，因此被广泛地运用于检测自动化控制中。其顶端有个能射入光线的窗口，如图10-2所示，光线通过窗口照射到管芯上，在光的激发下，光电二极管内能产生大批“光生载流子”，管子的反向电流大大增加，使其反向电阻减小。因而光电二极管工作在反向偏置状态。其正向阻值与普通二极管相似，为几千欧；反向电阻却受光照影响，光线越强，其阻值越小。

2. 极性识别

如图10-2所示，有缺口标记对应的引脚为阳极A；或从感光窗口观察，长金属极片对应的引脚为阴极C。

3. 正反向电阻检测

选用指针式万用表合适电阻挡位，按表 10-2 中要求的光线强度，分别测量光电二极管的正向电阻与反向电阻。

表 10-2　光电二极管正反向电阻检测表

光线强度	反向电阻/Ω	正向电阻/Ω
遮住光线		
自然光		
强光(30cm 距离)		

（三）N4078 系列继电器

1. 简介

该系列继电器体积小、重量轻、线圈功耗低，可直接焊接在印刷线路板中，常用于家用电器、自动化系统、电子设备、仪器、仪表、通信装置、遥控系统等。

该系列继电器的线圈直流电阻由具体型号决定；线圈功耗有 0.15W、0.2W、0.36W、0.51W；线圈额定电压为 3V、4.5V、5V、6V、12V、24V、48V；DC 吸合电压不得小于其 75% 的额定电压；释放电压约为其 10% 的额定电压。

2. 引脚图及其功能

如图 10-3 所示，共有 8 个引脚，将继电器反面呈现出来，即可看到标注的引脚号码。1-16 脚为继电器线圈。共有两组触点，其中 4-6 脚、13-11 脚分别为两组常闭触点，4-8 脚、13-9 脚分别为两组常开触点。

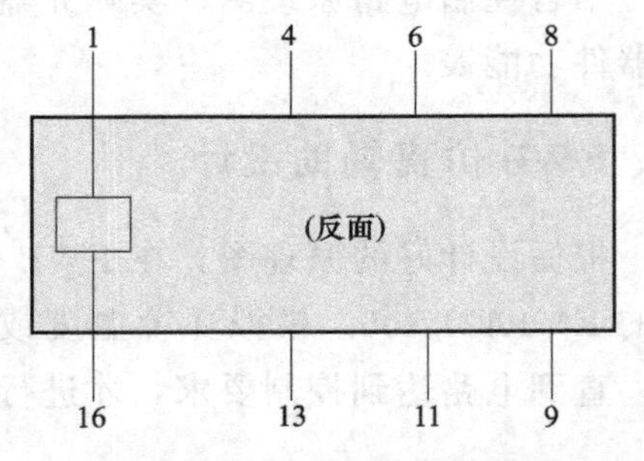

图 10-3　N4078 继电器引脚图

【任务 9】从外形上观察与学习继电器的型号及标注的参数，理解其含义并记录下来。

3. 线圈与触点动作检测

① 用万用表合适电阻挡位，检测各引脚之间的关系是否与图 10-3 吻合。

② 用万用表合适电阻挡位，测量继电器线圈直流电阻为______Ω。

③ 将直流稳压电源两个输出端分别接至继电器线圈 1 和 16 脚，调节电源输出电压，用万用表合适挡位检测常闭触点 4-6 脚与 13-11 脚从常闭状态转至断开以及常开触点 4-8 脚与 13-9 脚从常开状态得电后转至闭合的过程，记录四次中最大的继电器吸合电压为______V，此为该继电器实际测量的吸合电压。

④ 稳压电源继续向 1 和 16 脚供电，减小输出电压，检测 4-6 脚与 13-11 脚从断开状态恢复至闭合以及 4-8 脚与 13-9 脚从闭合状态失电恢复至断开的过程，记录四次中最小的继电器释放电压为______V，此为该继电器的实际释放电压。

⑤ 调节直流稳压电源输出电压，使其为继电器的线圈额定电压______V，接上继电器线圈 1 和 16 脚的瞬间，重复检测各触点是否正确动作。

六、元器件功能表编制

表 10-3　控制电路元器件功能表

序号	项目代号	元器件名称与型号	参数	功能
1	R_{11}, R_{12}			
2	R_P			
3	R_t			
4	VD_4			
5	VT			
6	J			
7	VD_1			
8	R_2, R_3			
9	VD_2			
10	VD_3			
11	M_1			
12	M_2			

结合控制电路原理图、实际元器件的识别与检测，按表 10-3 要求列出控制电路元器件功能表。

七、EWB 仿真辅助设计

根据设计好的原理图，在 EWB 仿真软件中绘制，其中继电器 J 用“raltron”库中的 EMR121A06。模拟环境温度或光线的变化，试运行并根据需要调整元器件参数，直到电路达到控制要求，才进行下一步的实际制作。

八、印制电路板图设计与绘制

（一）设计原则

① 搞清印制电路板的设计方向。

② 元器件最好均匀排列，不要浪费空间。

③ 元器件尽量横平竖直排列，且与实际尺寸吻合。

④ 继电器的放置方向与引脚号码应正确，合理利用各组触点。

⑤ 设计电位器时，应满足顺时针调节阻值增大的规律。其安放位置应满足整机结构安装要求，尽可能放在板边缘处，方便调节。安装孔位置与孔直径尺寸应准确。

⑥ 应考虑后续调试与测量方便，预留测试点，如电源正极与负极、每个传感元件或器件各两个安装孔、温度与光信号检测两组转换点以及通过传感元器件的电流测试口等若干个检测、调试点。

（二）绘制注意事项

① 连线之间或转角必须≥90°。

② 走线尽可能短，尽可能少转弯。

③ 安装面（A 面）的元器件不允许架桥，焊接面（B 面）的导线不允许交叉。

九、控制电路制作

合理安排温控电路制作工作流程。为了后续测量与调试工作的方便，R_t 的两个焊盘、电源正负极的两个焊盘、电流两测试点上焊 6 根跳针。将 R_t 两引脚焊在其对应跳针上，电流两测试点用短路帽连接。光控电路的制作类似。

十、温控电路分析

（一）电源电压$U_{CC}=6V$

① 常温下，$R_P=0/10k\Omega$ 时，试分析温控电路中三极管的工作电压 U_{BE} 值、发光二极管的状态，然后结合数据阐述电路的工作流程。

② 某高温下，$R_P=0/10k\Omega$ 时，试分析温控电路中三极管的工作电压 U_{BE} 值、通过热敏电阻 R_t 的电流、发光二极管的状态，然后结合数据阐述电路的工作流程。

（二）电源电压$U_{CC}=5.5V$

① 常温下，$R_P=0/10k\Omega$ 时，重复上述操作。

② 某高温下，$R_P=0/10k\Omega$ 时，重复上述操作。

（三）电源电压$U_{CC}=5V$ 时

① 常温下，$R_P=0/10k\Omega$ 时，重复上述操作。

② 某高温下，调节 $R_P=0\sim$____kΩ 时，正好使发光二极管的状态发生变化，从而获得此温度条件下分压式偏置电路的上偏置电阻临界控制设计值。

十一、通电前准备工作

① 对照原理图检查所焊电路是否正确。

② 用万用表合适电阻挡位测量控制电路，短路或阻值范围不吻合均需检查故障，正常则可做下一步测试。

十二、通电调试与测量

（一）温控电路功能调试与测量

表 10-4　温控电路功能测试表

电路工作电压	电位器 R_P 阻值		室温____℃时的绿灯状态		加热至____℃时的绿灯状态	
6V	0	10kΩ				
5.5V	0	10kΩ				
5V	0	____kΩ 以上				

① 将直流稳压电源输出调至 6V，正、负极分别接到温控电路的电源输入正、负

极测试点。在室温状态下调节电位器阻值为0Ω和10kΩ，观察绿色发光二极管状态，记录在表10-4中（“亮”用√表示，“灭”用×表示）。

② 调节电位器阻值为10kΩ，监测热敏电阻的温度并给其加温，使其升到某临界高温时，正好绿色发光二极管有亮、灭转换状态，将该临界温度记录在表10-4中。再将电位器调至0Ω，记录该温度时绿色发光二极管状态。

③ 将直流稳压电源输出调至5.5V，按表10-4测试并记录。

④ 将直流稳压电源输出调至5V，监测热敏电阻温度，使其升至步骤②之临界温度时，调节电位器，找到正好使绿色发光二极管亮、灭转换状态时的电位器临界电阻值，记录在表10-4，并完成表格中该行其他数值测量。

⑤ 结合前面所做的温控电路分析，比较表10-4各项记录，看是否吻合？并说明分压式偏置电路中的分压电位器 R_P 设计值是否合理，即是否达到了控制要求。

（二）温控电路参数测量

1. 工作电压 U_{BE} 测量

表10-5 温控电路工作电压测试表

电源电压	电位器阻值		室温____℃时 U_{BE}/V		加热至____℃时 U_{BE}/V	
6V	0	10kΩ				
5.5V	0	10kΩ				
5V	0	____kΩ以上				

① 将万用表扳到合适的直流电压挡，红、黑表笔分别接至三极管VT的B、E极，对应测量表10-4中各种状态下的 U_{BE}，记录在表10-5中。

② 结合前面所做的温控电路分析，比较表10-5各项记录，看是否吻合？为什么？

2. 工作电流测量

① 取掉电流测试点上的短路帽，万用表转至合适直流电流挡，红、黑表笔按正确接法串入电流测试点接口。

② 使 $U_{CC}=6V$，调节电位器阻值为0Ω和10kΩ，给热敏电阻加温至表10-4步骤②之高温时，读取流过 R_t 的电流值 I，记于表10-6中。

表10-6 温控电路工作电流测试表

发光二极管状态	①亮	②灭
工作电流 I/mA		

（三）光控电路功能调试与测量

① 利用短路帽，人工方式将温控电路转为光控电路。

② 按表10-7要求改变直流稳压电源输出、电位器阻值、光照强度，观察绿色发光二极管的亮、灭状态，并作记录。

③ 如找不到使绿灯亮、灭变化的电位器临界电阻值，可根据需要调换上偏置分

压电阻 R_{12} 或 R_P 的阻值，再重复步骤②。

表 10-7　光控电路功能测试表

电源电压	电位器 R_P 阻值	遮住光线下绿灯状态	自然光下绿灯状态	强光下绿灯状态
6V	0～10kΩ			
5.5V	0～____kΩ			
5.5V	____～10kΩ			
4.5V	0～____kΩ			
4.5V	____～10kΩ			

（四）温控电路动作过程观测

① 将万用表扳至合适的直流电压挡位，使 $U_{CC}=6V$，调节 $R_P=0/10k\Omega$，热敏电阻的温度从室温升到临界高温，致使绿色发光二极管由亮到灭的瞬间，观察下面各元器件的动作过程。

a. 红表笔接在三极管 VT 的 C 极，黑表笔接 E 极，观察 U_{CE} 的变化过程。

b. 红表笔接在 VD_1 的阴极，黑表笔接在其阳极，观察继电器线圈的电压变化过程。

c. 红表笔接在绿色发光二极管的阳极，黑表笔接其阴极，观察其电压变化过程。

② 重复上述操作，用示波器观察各元器件的电压变化过程。

③ 比较与前面所做的电路分析是否吻合。

学习情境十一　红外通信收发系统设计与调试

【实训目标】

1. 掌握安全用电与安全文明生产管理技能。

2. 掌握红外光发射、接收电路设计原理和原则，掌握简单红外光通信电子收发系统方案、方框图与具体电路原理图设计能力。

3. 掌握识别、检测并编制红外光收发系统元器件清单、功能表技能。

4. 熟悉仿真软件辅助电路原理图设计技能。

5. 掌握根据原理图与实际元器件设计印制电路板图的技能。

6. 掌握较复杂电子线路焊接与装配技能。

7. 掌握用仪器与仪表调试整机功能、测量数据的技能。

8. 掌握模块式判断与排除系统故障技能。

9. 培养专业兴趣，培养观察与逻辑推理、语言表达能力。

10. 培养良好的实训意识，培养团队合作、系统分析与运筹能力。

一、设计要求与步骤

红外通信系统设计是光通信系统的一个重要分支，它和目前世界上所采用的骨干通信网——光纤通信系统有许多相同之处，唯一差别就是两者所采用的传输媒质不同，前者是大气，后者是光纤。

语音和音乐等低频电信号一般不适合直接远距离传输，而是通过调制加载到光或者高频信号上传输出去。本实训要求设计一个合适的红外收发电路系统，以实现多种信号传输，如让音乐信号在一定距离内顺畅、清晰、不失真地传播。

（一）实现方案制定

根据设计要求，选择系统实现方案，运用模块法制定信号流程图与总方框图。

（二）具体电路设计

根据方框图，设计具体实现的单元电路与总电路，选择元器件型号、数量与理论参数，编制元器件清单与功能表。

（三）电路仿真和优化

运用电子仿真软件，对所设计的电路原理图分步仿真调试，根据需要修改单元电路。对总电路调试，进一步优化电路，拿出最合理的总原理图。

（四）印制电路板图设计与电路制作

根据原理图与实际元器件，设计正确、简练、规范的印制电路板图，并合理设置电流、电压测量点与波形观察点。采购并检测元器件质量，通过万能板装配、焊接实现电路。

（五）电路调试、故障排除

制定安全的通电前检查方案，运用直观目测法、逐点检查法、电阻测量法检查电路，判断并排除故障。制定安全的通电调试方案，以模块方式，运用电流测量法、电压测量法、波形观测法、信号注入法等进行故障判断与排除，通电调试电路至成功。

（六）电路功能测试

合理选用仪表记录测试数据，正确选用仪器观察波形，使电路功能得到定量测试。如传送音乐信号，则要求从扬声器中能听到音质清晰、音量适中、不失真的音乐。

二、总方框图设计

图 11-1 是一个简单的红外通信收发系统方框图。通过实训，应能根据该方框图进行模块化设计。通常，商用红外光通信系统是相当复杂的，这里只需考虑最基础和最必要的部分来完成整个红外光通信收发系统的设计。

三、信号产生模块设计

根据图 11-1 方框图，可用 KD-9300、CW9300 或 LX9300 系列音乐集成电路来产生语音信号，接线图参见图 11-2 所示。当然设计若不采用语音信号，也可以用 RC 振

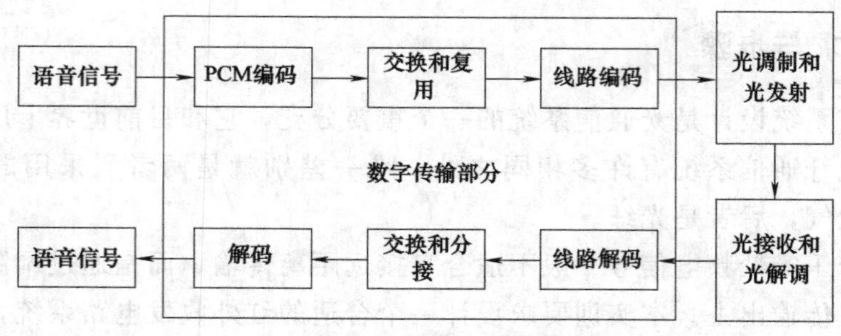

图 11-1　红外通信收发系统方框图

荡器构成信号产生电路，但注意信号幅度不宜过大。

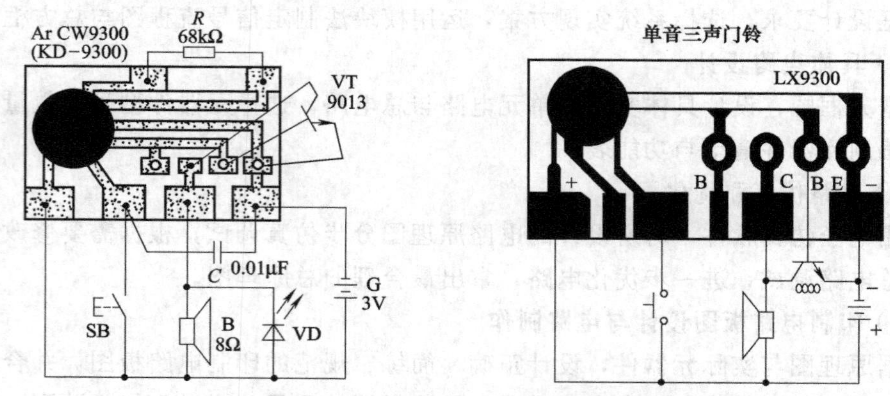

图 11-2　各系列音乐集成电路接线图

四、红外光发送模块设计

设计原则主要是考虑红外发射管的工作电流。如图 11-3 中，红外发射管 VD_1 处于三极管放大电路的集电极，应合理选择静态偏置电路元器件参数与红外发射管规格，保证输入信号得到放大且不失真。合理调试从发射极送来的正弦输入信号幅值，以确定前级信号产生模块的输出信号幅度。电流过小，传输距离短；电流过大，又容易毁坏该红外发射管。

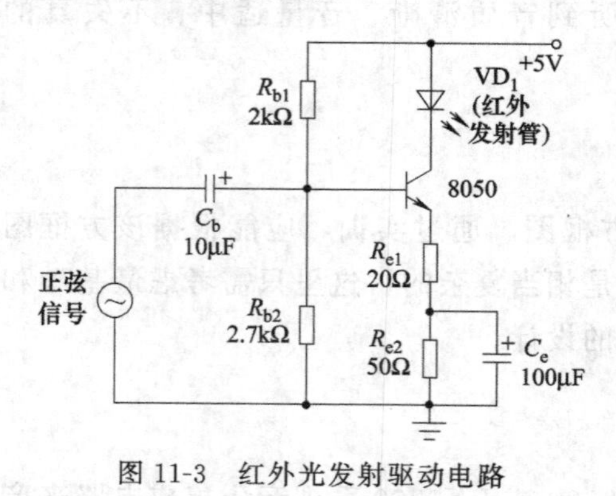

图 11-3　红外光发射驱动电路

五、红外光接收模块设计

设计原则是选择与红外发射管规格配套的红外接收二极管，如图 11-4 所示的光电二极管 LED2。接收到的音频信号经过电位器 R_P 可调节音量，再通过功率放大器 LM386 组成的电路，将接收的音频信号放大，从而驱动扬声器发声。

六、高通滤波器

红外接收管采用光电二极管，故普通灯

光对其也有影响。为了获得更好的效果，可在其信号输出端加接高通滤波器，消除恒定的外接低频信号干扰，这样接收效果和灵敏度将显著提高。

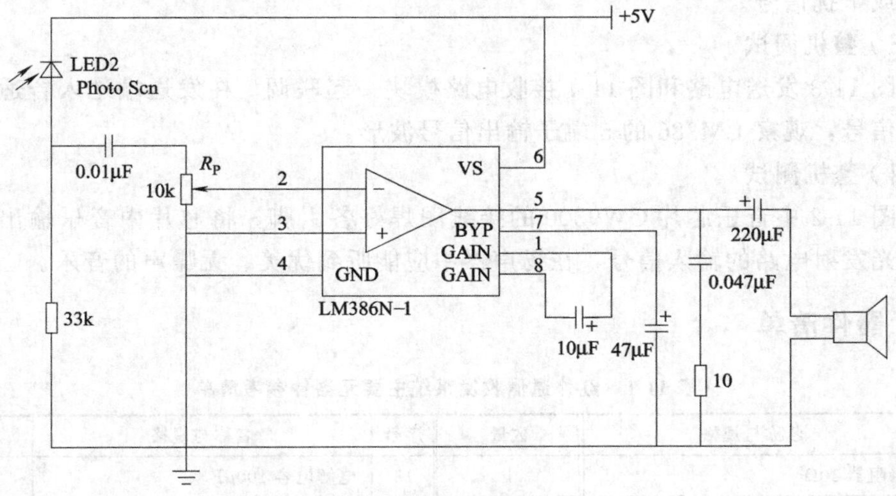

图 11-4　红外光接收放大电路

七、功率放大器

利用音频功率专用放大器 LM386，可以得到 50～200 的增益，足以驱动 0.5W 的扬声器。如图 11-5 所示。

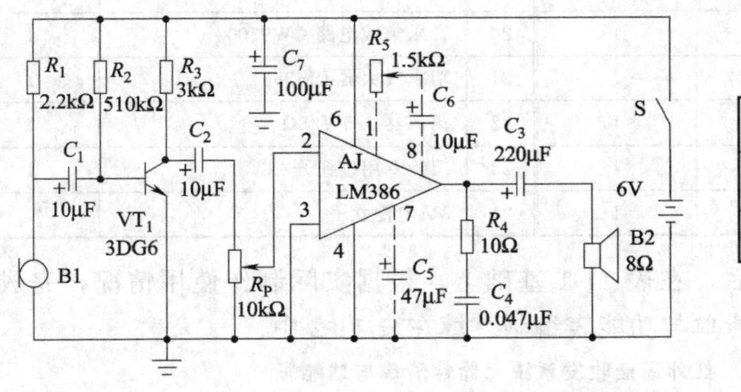

增益 8　旁路 7　+U_{CC} 6　输出 5

LM386

1 增益　2 反相输入　3 同相输入　4 地

图 11-5　功率放大电路

八、系统调试

系统调试原则：根据电路原理先调制各单元电路，然后再整机调试。

（一）调试发射电路

记录图 11-3 的红外光发射驱动电路模块输出波形和流过红外发射管的电流。

（二）调试接收电路

将图 11-4 中的光电二极管 LED2 焊脱一只管脚，即从该电路模块中去掉红外接收管，从该处加合适幅值的正弦音频小信号。调节电位器 R_P，使 LM386 的 2 脚获得输入信号；改变 LM386 的 1 脚与 8 脚间的电阻器、电容器串联支路参数，可调试功率放大器输出放大倍数，要求为 50～200 倍，且输出为不失真的正弦波，确保不是自激信号或干扰信号。

（三）整机调试

将图 11-3 发送电路和图 11-4 接收电路模块一起联调。在发送端送入合适幅值的正弦小信号，观察 LM386 的 5 端子输出信号波形。

（四）整机测试

按图 11-2 中音乐芯片 CW9300 的接线图焊好各引脚，将芯片中音乐输出信号作为红外光发射电路的输入信号，在扬声器中应能听到优美、无噪声的音乐。

九、元器件清单

表 11-1　红外通信收发系统主要元器件参考清单

序号	名称与规格	数量	序号	名称与规格	数量
1	电阻器 10Ω	1	13	电解电容 100μF	1
2	电阻器 20Ω	1	14	电解电容 220μF	1
3	电阻器 50Ω	1	15	红色 ϕ5mm 发光二极管	1
4	电阻器 2kΩ	1	16	三极管 8050	1
5	电阻器 2.7kΩ	1	17	三极管 9013	1
6	电阻器 33kΩ	1	18	红外发射管 303	1
7	电阻器 68kΩ	1	19	红外接收管 302	1
8	电位器 10kΩ	1	20	音乐集成电路 CW9300	1
9	瓷片电容 0.01μF	2	21	功率放大器 LM386	1
10	钽电容 0.047μF	1	22	扬声器 0.5W/8Ω	1
11	电解电容 10μF	1	23	门铃专用按钮开关	1
12	电解电容 47μF	1	24	3V 电池盒	1

电路各模块全部调试好后，在表 11-1 基础上，根据实际制作使用情况，完成红外通信收发系统全部元器件清单与功能表编制，填在表 11-2 中。

表 11-2　红外通信收发系统元器件清单与功能表

序号	项目代号	元器件名称	参数	作用

学习情境十二　安全文明生产管理

【实训目标】

1. 建立医用电气设备安全用电意识。
2. 熟悉医用电气设备安全操作规范，掌握防触电、防火与灭火技能。
3. 熟悉医用电气设备生产、选购、维护要求，了解其相关标准。
4. 建立实训安全用电理念，掌握电子产品制作与调试中防雷电、防静电、防机械损伤、防烫伤技能。

一、安全用电

（一）防止触电

1. 产生电击的因素

从根本上讲，产生电击的原因主要有两点：一是人与电源之间存在两个接触点，形成回路；二是电源电压和回路电阻产生了较大的电流，该电流流过人体发生了生理效应。具体说可能有以下几种因素。

(1) 仪器故障造成漏电　泄漏电流是从仪器的电源到金属机壳之间流过的电流，所有的电子设备都有一定的泄漏电流。根据产生来源，泄漏电流由电容泄漏电流和电阻泄漏电流两部分组成。

电容泄漏电流是由两根电线之间或电线与金属外壳之间的分布电容所致。例如50Hz的交流电，2500pF的电容产生大约1MΩ的容抗、220μA的泄漏电流。电源变压器、电源线等都可产生泄漏电流。

绝缘材料失效、导线破损、电容短路等仪器故障一般属于电阻泄漏电流。如电源火线偶然与仪器的外壳短路，此时站立在地上的人又触及该仪器的金属壳体，人就成为220V电压与地之间的负载，数百毫安的电流通过人体，将产生致命的危险。

(2) 由于电容耦合引起的漏电　如仪器的外壳没有接地，外壳与地之间就形成电容耦合，进而在两者之间产生电位差。这种漏电电流虽不会超过500μA，人接触时至多有点麻木的感觉，但这种电流若流过电气敏感病人的心脏时，就会引起严重后果。

(3) 外壳未接地或接地不良　如果仪器的外壳未接地或接地不良，则当电源火线和机壳之间的绝缘降低时，医务人员或病人接触到机壳时就会遭到电击。

(4) 非等电位接地　如果有几台仪器（包括金属病床）同时与病人相连，则要求每台仪器的外壳地电位必须相等，否则也会由于不同的地电位带来的电位差而发生电击。

(5) 皮肤电阻减小或消除　心电这类生物电测量过程中，为了提高测量的正确性，往往在皮肤和电极之间涂上一层导电膏以减小皮肤电阻，但如果该仪器偶然漏电，就会对正在接受诊断的病人造成电击。

2. 医用电子设备的电击防护措施

医用电子设备的适用对象多为不健康的人。首先，疾病使患者对外界刺激的抵抗力降低；其次，有的病人由于疾病或者麻醉和药物的影响，有可能意识处于不清醒状态；再者，由于治疗的需要，可能要将患者身体固定在病床和检查台上。因此要加强医用电子设备的电气安全措施，保障患者免受电击的危险。

针对前面所讲的电击因素，可从两个方面去防止电击：一是将病人同所有接地物体和所有电流源进行绝缘；二是将病人所能触碰到的导电表面都保持在同一电位上。具体有以下几种方法。

(1) 设备外壳接地　当外壳可靠接地时，即使外壳不小心接触火线或漏电，故障电流的绝大部分也会泄放到地，同时该大电流能立即熔断线路中的保险丝后迅速切断设备电源，最终保障患者安全。

（2）等电位接地　使病人环境中的所有导电表面和插座地线处于相同电位，并真正地接“地”，以保护ICU（Intensive Care Unit）病房及对电气敏感的病人免受电击。

（3）基础绝缘　用金属设备或绝缘外壳将整个医用电子设备的电路部分覆盖起来，病人接触不到，防止电击。医用电子设备暂定安全标准中，如果电源电压为220V，要求设备的绝缘阻抗必须在5MΩ以上。

（4）双重绝缘　为确保安全，先用保护绝缘层将易与人体接触的带电导体与设备的金属外壳隔离，再将设备的金属外壳与它的电气部分隔离。

（5）低电压供电　ICU、CCU（Coronary Care Unit）监护系统中，采用低压电池供电对病人的心脏、脉搏、呼吸等参数进行不间断的生理遥测监护。眼底镜和内窥镜等只有一个灯泡且耗电量较大的医疗设备中，就用低压隔离变压器供电，这样即使是基础绝缘老化或损坏，也不会发生电击事故。

（6）采用非接地配电系统　配电采用低压隔离变压器，其次级不接地，保证其次级对地阻抗足够大，并用动态线路隔离监测器监控该对地阻抗，一旦失效，及时报警，让维修人员排除故障。

（7）患者保护　这主要体现在医疗器械产品的设计中。利用右腿驱动心电放大器，使病人有效与地隔离的同时，减少电源的共模干扰，以便得到清晰的心电图测量信号。利用人体小电流接地电路，一旦通过人体的入地电流过量时，二极管桥路将切断接地线，确保人身安全。利用光电耦合、电磁耦合等器件或声波、超声波、机械振动等介质来传递人体生理信号，使人与接收电路隔离，从而保障人的安全。

（二）遵守安全操作规程

医用电子设备有从生物体取得信息的检测仪器，有作用于生物体的刺激仪器、治疗仪器和各种监护仪器等。各类不同的医用电子仪器有可能因各种各样的原因对人体产生危害。

1. 医用电气设备的事故原因分类

（1）能量引起的事故　为了治疗和测量的需要，很多医用电子设备，特别是除颤器、高频电刀、X射线等装置，给患者的能量达不到某一规定量，就没有效果；但提高能量到超出治疗或者手术的正常需要水平时，将引起严重事故。

（2）仪器性能的缺点和停止工作引起的事故　当患者生命是由仪器来维持的情况下，由于使用操作上的错误或准备工作不足，使心脏手术中人工心肺停止工作、心脏起搏器没有刺激脉冲输出、除颤器之类的紧急治疗仪器不工作等，都会导致严重事故。

（3）仪器性能恶化引起的事故　如心电图机的时间常数由RC电路构成，当日常维护工作不力，因空气潮湿等因素造成高电阻值下降时，时间常数减小，使输出波形失真，将导致诊断错误。

（4）有害物质引起的事故　当电子仪器消毒、灭菌不彻底，污染仍存在的情况下作用于人体，易引起病人感染；而如果消毒和灭菌操作方法不当，又会损坏电子仪器。因此，要掌握科学而规范的方法。

2. 谨记医用电子设备的正确操作规范

（1）确保仪器安全输出能量　除颤器输出过大，可造成胸壁烧伤和心肌障碍；电刀输出过大，可使电极板附近烫伤，或使切口深度和凝固深度超出要求。因此，必须正确使用仪器，了解其特性，严格按安全能量标准施加给病人。

（2）确保仪器正常工作　在病人附近使用高频仪器、微波治疗机、电刀、电子透镜、产生火花的电焊机等设备时，埋植心脏起搏器本机的肌肉受到影响，有可能使按需电路停止振荡，造成一时性的意识丧失。

由于体液浸蚀等因素，使心脏起搏器电极和本机连接部分接触不良，从本机发出的刺激脉冲不能传到心室，或者因电流小，刺激作用很短或消失，有可能引发患者的阿-斯氏综合征，诱发摔倒等二次事故。

所以，要熟悉仪器的抗干扰特性，了解病人的肌体特征，尤其应做好重要仪器的应急电源，保证仪器正常作用。

（3）确保仪器性能良好　放射线测量等仪器的测量精确度下降时，将产生误差，在诊疗上造成很大的危险。除颤器在紧急使用时才发现电极种类不够、电极接线断线等，本应帮助患者脱险而达不到要求。故而，要做好仪器的日常维护工作，确保仪器性能良好。如经常检查除颤器的本机与附件，特别是电极，每个月至少检查一次。此外，仪器操作的培训也应定期进行。

（4）确保仪器消毒到位　电子仪器既要及时灭菌，又要用正确的方法或药剂灭菌。应根据仪器的材质、污染物种类，选择适宜的无泡清洁剂，以确保消毒到位。如血压计用 2‰过氧乙酸擦拭；碱性清洁剂对金属物品的腐蚀性小。

总之，医用电子仪器在使用中应注意正确操作，做到细致的保养与爱护。有关 X 射线治疗机的安全操作规范可参见附录二（医用 X 射线治疗卫生防护标准）；有关 ICU 病房心电监护仪的正确操作规范可参见附录四（心电监护使用中易忽略的问题）。

（三）用电防火措施

1. 电气火灾的原因

总的看来，除本身缺陷、安装不当等设计与施工原因外，危险温度与各种电火花是引起火灾的直接原因。

（1）危险温度　引起设备过热，从而产生危险温度的原因主要有以下几种情况。

① 短路故障。由于维护不及时，使导电粉尘或纤维进入电子设备；或因为安装和检修工作中接线和操作错误，引起短路故障时，线路中的电流增加为正常时的几倍，如果产生的热量达到引燃温度，将导致火灾。

② 过载。设备连续使用时间过长，超过线路与设备的设计能力；或三相电动机等设备缺相运行造成过载。

③ 接触不良。可拆卸的触头连接不紧密、由于振动而松动，均会导致接头发热；或铜铝接头处易因电解作用而腐蚀，也可导致接头过热。

④ 散热不良。由于环境温度过高或使用方式不当，使仪器散热恶化，导致温度过高。

⑤ 电气设备中的铁磁材料。在交流电作用下，因磁滞损耗和涡流损耗而产生热量。

⑥ 绝缘材料性能变差。绝缘材料劣化会泄漏电流，进一步导致绝缘热损坏。

⑦ 电热器具和照明灯具。使用时未注意安全距离或安全措施不妥；或使用红外线加热装置时，误将红外光束照射到可燃物上，均会引起火灾。

⑧ 漏电。漏电电流集中在某一点，如经过金属螺钉等，引起木制构件起火。

(2) 电火花和电弧　电火花是电极间的击穿放电，大量密集的电火花汇集而成电弧。产生电火花的原因可分为如下几种。

① 工作原因，如开关切合时的火花。

② 事故原因，如绝缘损坏或不正常操作时产生的火花。

③ 外来原因，如雷电、静电产生的火花。

④ 机械原因，如高温工作器件碰撞产生的火花。

2. 电气火灾的灭火措施

(1) 切断电源以防触电　从灭火角度讲，着火后电气设备可能是带电的，如不注意将引起触电事故。故有条件的情况下，首先应迅速切断电源，并注意以下几项。

① 拉闸时用绝缘工具操作。

② 高压先操作油断路器而不是隔离开关，低压先操作磁力启动器而不是闸刀开关，以免引来弧光短路。

③ 切断电源的范围要适当，防止断电后影响灭火工作和扩大停电范围。

④ 剪断电线时，三相线路的非同相电线应在不同位置剪，以免造成短路。

当电气设备和线路的电源切断后，其灭火方法与一般火灾方法相同。

(2) 带电灭火安全要求　当有紧急原因而无法切断电源时，则带电灭火时必须注意以下几点。

① 选择合适的灭火剂。二氧化碳灭火剂、干粉灭火剂等不导电，可用于带电灭火；而泡沫灭火剂有一定的导电性，不宜使用。

② 人体与带电体之间保持安全距离。

③ 如有带电导线断落地面，须画出警戒区。

二、安全要素

（一）安全意识

人的不良安全行为，往往是从小的违章行为开始的；而人的思想意识又常常指导着其行为。行业中，“本质安全型员工”就是从员工的安全意识、安全技能以及安全行为三个方面综合评价员工的自主安全素质水平，即“想安全、会安全、能安全”。因此，在使用、维护电子设备与器具时，要时时加强安全意识，养成良好的安全习惯，学会所需的安全技能，全面提升自主安全素质，这样才能避免违章操作。

（二）安全技术

有了安全意识，还应该知道从哪些方面去保障安全性，即要掌握必需的安全技术。

1. 生产方面

作为生产者，在生产医用电子设备与器具时，应严格按照国际与国家的各项安全标准，保障安全性、治疗性和诊断性。

国际电工委员会制定 IEC60601-1—2005 Medical electrical equipment Part 1：General requirements for safety（《医用电气设备第一部分：安全通用要求》）是医疗器械产品通用电气安全标准，也是国际上通用的医疗器械强制安全标准。

为了加强中国医疗器械行业的规范化管理，提高我国医用电气设备的安全性，进一步保证医疗器械产品使用者的安全，同时也为了实现与国际同行业的接轨，新版本 GB 9706.1—2007《医用电气设备——第一部分：安全通用要求》强制性标准于 2007 年 7 月 2 日发布，并于 2008 年 7 月 1 日正式实施。

国家食品药品监督管理局于 2005 年发布 YY 0505—2005《医用电气设备　第 1-2 部分：安全通用要求　并列标准：电磁兼容——要求和试验》强制性标准，让企业能依照新强制性标准在产品的安全性、可靠性设计、检测技能方面进行改进。

具体某一类医用电气设备的生产标准，如 GB 9706.2—91《医用电气设备　血液透析装置专用安全要求》；GB 9706.3—2000《医用电气设备　第 2 部分：诊断 X 射线发生装置的高压发生器安全专用要求》；GB 9706.5-920《医用电气设备　能量为 1～50MeV医用电子加速器专用安全要求》；GB 9706.6—92《医用电气设备微波治疗设备专用安全要求》；GB 9706.7—94《医用电气设备　超声治疗设备专用安全要求》；GB 9706.8—1995《医用电气设备　第二部分：心脏除颤器和心脏除颤器监护仪的专用安全要求》；以及 YY 0607—2007《医用电气设备　第 2 部分：神经和肌肉刺激器安全专用要求》；X 射线治疗机在生产中应遵循的总则可参见附录二（医用 X 射线治疗卫生防护标准）。

2. 选购方面

在医院里，电子医疗设备如果因为停电而停止工作，对病人的影响是致命的，因此，可根据设备特点，适当考虑选购供电时间较长、更加环保、电源品质更高、更经济实惠的 UPS（Uninterrupted Power Supply），在保障设备不断电的情况下，保护软件数据不丢失和损坏。

实验室选医用离心机时应考虑安全措施越完善越好，标准认证项目越多越好；微机控制优于分立元件控制，厂家的售后服务越优越好等。

3. 维护方面

随着先进电子仪器在临床检测、疾病诊断与治疗、病情监护等方面的广泛应用，维护不当除了会给病人带来危害之外，如果医疗设备出现断路、短路和零件损坏等电路故障，还易造成电器起火。因此，其运行维护显得极为重要。

作为维护者，应根据需要掌握以下某种类型仪器的保养与维修。

① 心电图机、脑电图机、肌电图机、血流图仪、心电多功能自动诊断仪、数字式胃肠机、诱发电位仪等生理功能检测仪器的运行维护。

② 比色计、分光光度计、血氧分析仪、尿液分析仪、血细胞计数器、γ放射免疫计数器、β液体闪烁计数器、电泳仪、酸度计、离心机等生化检测电子仪器的运行维护。

③ 声频理疗仪、光线治疗仪、高频理疗仪、高频电疗仪、干扰电疗仪、低频和中频电疗仪、磁疗机、康复治疗仪等理疗电子仪器的运行维护。

④ 呼吸机、人工心肺机、血液透析机、体外碎石机、牙科治疗机、放射治疗机、高频电刀、麻醉机等治疗电子仪器的运行维护。

⑤ B型超声诊断仪的运行维护。

⑥ 医用X线诊断机与CT机的运行维护。

另一种对医院电子设备的分类方式可参见附录三（医院专用电子设备一览）。

（三）安全制度

有了安全意识，掌握了安全技能，还应有安全督促机制。医院安全制度的出台，是维持医院安定的基础，是保障医院正常运行和发展的重要环节，是保卫医院职工与患者生命财产安全的必要举措。具体的制度可结合电子设备的种类与特点详细制订。

① 在病房禁止用火与吸烟等；禁止病人和家属使用煤油炉、电炉等在医疗设备周围加热食品；防止水或其他物质进入设备内部，造成医疗设备损坏，以免造成安全隐患。

② 各种医疗设备不得擅自改动线路或内部结构，不得擅自移动。医疗设备使用电源为专用电源，不得私设电炉、电茶壶等加热设备，不得超负荷，以免妨碍医疗设备和急救设备的正常工作或导致电气火灾。

③ 严格执行医疗设备的使用规程，经常对设备进行常规检查和保养，发现问题及时处理。

④ 医务人员在防静电时应采用特制的导电软管，或对麻醉机和手术床做导除静电处理，并应穿着防静电服装和防静电鞋操作。麻醉机及手术台周围地板要采用金属导线接地等导除静电的技术措施。其他医疗设备应做好相应的接地处理。

⑤ 室内非防爆型的开关、插头、插座等每天要检查，如有损坏及时通知相关部门解决。

⑥ 对于每台医疗设备的使用应有专人负责，每天应有记录，记录内容包括开机时间、关机时间、设备运转情况、故障维修情况等。

⑦ 烘箱应有自动恒温装置，在烘干含有易燃剂的样品时不准用电热烘箱烘干，以防电热丝与易燃液体蒸气发生爆炸，可用蒸气烘箱或真空烘箱烘干。及时观察电热烘箱的工作状态，如果设备出现不稳定状态，应及时联系维修人员或设备管理部门。

⑧ 电气设备及线路必须符合电气安装规程，电缆变压器的负载、容量应达到规定的安全系数，防止超载失火。如中型以上的诊断用X线机，应设置一个专用的电源变压器。

三、实训安全

（一）防止电击

1. 防止雷电

雷电是雷云之间或雷云对地面放电的一种自然现象。雷电会破坏电气设备甚至造成人的伤亡。故打雷或闪电时，应注意以下几项。

① 迅速关掉实训场所的所有门窗。

② 不要在靠近建筑物的外墙或用电设备时打电话。

③ 不要摸金属管道。

④ 迅速并正确操作，关掉正在使用的所有电子设备。

2. 防止静电

在电子组装工业中，产生静电的主要途径为摩擦、感应和传导。

两种物质相互摩擦时，失去电子的物质带正电，得到电子的物质带负电，这是因摩擦而产生的静电。针对导电材料而言，因电子能在它的表面自由流动，如将其置于某电场中，由于同性相斥，异性相吸，正负电子就会转移，这是因感应而产生的静电。当导电材料与带电物体接触时，也将发生电荷转移，这是因传导而产生的静电。

在电子产品的生产中，从元器件的预处理、安装、焊接、清洗，至单板测试、总测，直到包装、存储、发送等工序，都可能产生对器件的静电放电击穿危害。所以，在电子产品的制作或电子设备的维护与使用中，为防止静电，接地是最直接、最有效的方法。此外可使用屏蔽类材料等。具体做法如下。

① 配置防静电工作台，测试仪器、工具夹、电烙铁等接地。

② 穿防静电鞋或配防静电脚腕鞋带，防静电工作鞋应符合 GB 4385—1995《防静电鞋、导电鞋技术要求》的有关规定。

③ 戴防静电手腕带。

④ 穿防静电工作服，其面料应符合 GB 12014—1989《防静电工作服》规定。

⑤ 操作员工需经常手拿静电敏感元器件时，要戴防静电手指套。

⑥ 坐防静电椅。

⑦ 有条件的话，可铺设防静电地板，配备防静电周转车、箱、架等。

（二）防止机械损伤

电子制作中，会涉及到一些机械操作，如制板中的钻孔，元器件安装中的成形、剪切等，因此要注意这些设备或工具的正确操作，避免人、设备或工具的机械损伤。

如使用手电钻时要注意以下几项。

① 检查穿戴，扎紧袖口，长头发者须戴工作帽或盘紧头发，严禁戴手套操作。

② 安装钻头时，不许用锤子或其他金属制品物件敲击。应用专用钥匙将钻头紧固在卡头上，并检查是否卡紧。

③ 开始使用时，不要手握电钻去接电源。应将其放在绝缘物上再接电源，用试电笔检查外壳是否带电，按一下开关，让电钻空转一下，检查转动是否正常，并再次

验电。

④ 手拿电动工具时，必须握持工具的手柄，不要一边拉软导线，一边搬动工具，要防止软导线擦破、割破和被轧坏等。

⑤ 钻孔时用手压紧电路板，防止电路板飞出伤人和损坏钻头。

⑥ 钻孔时不宜用力过大过猛，以防止工具过载。转速明显降低时，应立即把稳，减少施加的压力。

⑦ 电钻出现噪声变大、振动、突然停止转动等故障时，应立即切断电源，并请指导教师处理，禁止自行拆卸修理。

⑧ 电钻未停止前禁止换钻头或用手握钻卡头。

⑨ 外壳的通风口（孔）必须保持畅通，注意防止杂物进入机壳内。

⑩ 工作结束后，切断电源，并搞好场地卫生。清除废物时要用毛刷等工具，不得用手直接清理或用嘴吹。

（三）防止烫伤

电烙铁是电子焊接中的常用工具。为了防止烫伤人和损坏电子元器件，在使用中应注意以下几点。

① 掌握正确握法，并认准元器件的待焊接位置，不要烫伤自己的手指。

② 烙铁头上焊锡过多时，可用布擦掉或轻轻刮在烙铁盒里，不可乱甩，以防烫伤他人。

③ 焊接过程中，烙铁不能到处乱放；不焊时，应放在烙铁架上。电源线不可搭在烙铁头上，以防烫坏绝缘层而发生事故。

④ 使用过程中不要任意敲击烙铁头，以免损坏或甩出烫伤他人或物件。

⑤ 焊接时注意时间与温度，不要烫坏元器件。

⑥ 使用结束后，应及时切断电源，拔下电源插头；冷却后，再收拢电源线，并放在实训指定工位。

讨论题

在班级里以 4～8 人为单位自由组成小组，课前学习本学习情境的内容后，发挥各组员特长查阅资料或进行调研，结合所学专业的医用电子设备，制作一个以“安全文明生产管理”为主题的 PPT，在课堂上进行汇报。

附　录

附录一　电子装配工艺指导卡

产品名称：	型号：	作业名称：	编号：
材料名称、规格与数量	操作图		作业步骤
1.			1.
2.			
3.			
4.			
5.			
6.			
7.			
8.			
使用仪器与工具			
1.			
2.			注意事项
3.			1.
4.			
5.			
6.			
7.			
8.			
编制者：	确认者：	作业者：	
年　月　日	年　月　日	年　月　日	

附录二　医用 X 射线治疗卫生防护标准

1　范围

本标准规定了医用 X 射线治疗机的辐射防护性能及其检验要求、治疗室的辐射防护条件和使用治疗机实施放射治疗的安全操作与质量保证要求。

本标准适用于标称 X 射线管电压为 10kV～1MV 的医用 X 射线治疗机（以下简称治疗机）的生产和使用。

本标准不适用于医用加速器的 X 射线治疗。

2　规范性引用文件

下列文件中的条款通过本标准的引用而成为本标准的条款。凡是注日期的引用文件，其随后所有的修改单（不包括勘误的内容）或修订版均不适用于本标准，然而，鼓励根据本标准达成协议的各方研究是否可适用这些文件的最新版本。凡不注日期的引用文件，其最新版本适用于本标准。

GB 9706.10 医用电器设备 第二部分——治疗X射线发生装置安全专用要求。

GB 9706.12 医用电器设备 第一部分——安全通用要求三并列标准：诊断X射线设备辐射防护通用要求。

3 总则

3.1 医用X射线治疗必须遵循放射防护基本原则，要求照射正当化，辐射防护最优化，并使工作者和公众的受照不超过规定的剂量限值；患者所受的医疗照射，应遵循实践的正当性和防护的最优化原则。

3.2 医用X射线治疗必须采取安全措施，尽可能减少或避免导致重大照射事件的发生及不良后果。

4 治疗机防护性能的技术要求

4.1 治疗机泄漏辐射的限制

4.1.1 治疗状态下，X射线源组件的泄漏辐射应按附表2-1控制。

附表2-1 治疗状态下X射线源组件1)泄漏辐射控制值

X射线管额定电压/kV	空气比释动能率控制值/(mGy/h)
>150	距源组件表面50mm 300
	距X射线管焦点1m 10
≤150	距X射线管焦点1m 1
≤50 2)	距源组件表面50mm 1

1)X射线源组件包括固定安装在X射线管套上的限束器

2)适于可手持的治疗机

4.1.2 非治疗状态下，X射线源组件的泄漏辐射和非有用辐射的控制值

当X射线源处于以手动中断治疗而X射线管高压仍通电，或预定的治疗终止且X射线管高压断电的非治疗状态时，自中断或终止辐射束发射后5s开始，空气比释动能率控制值：在距X射线管焦点1m（包括治疗束方向）处，不得超过0.02mGy/h；在距X射线源组件表面50mm处，不得超过0.2mGy/h。

4.1.3 可卸式限束器的泄漏辐射控制水平

可卸式限束器仅指直接与X射线管组件连接但可拆卸的集光筒或可调限束器的整体固定部分。在可卸式限束器出口照射野全屏蔽条件下，限束器照射野外的相对空气比释动能率不得超过附表2-2的控制水平。

附表2-2 可卸限束器的相对泄漏辐射控制水平

限束器出线口处屏蔽铅板的尺寸为照射野横(纵)向相应尺寸的倍数	可卸限束器的相对泄漏辐射1)控制水平/%
1.5倍	0.5
1.1倍	2

1)在距铅板边缘20mm以外任何位置的最大空气比释动能率占同一平面上无铅板时射线束中点处空气比释动能率的百分数

4.1.4 除X射线源组件外其余部件的泄漏辐射控制值

除X射线源组件外，距X射线机的任一部件表面50mm的任何位置上，空气比释动能率不得超过0.02mGy/h。

4.2 与有用线束辐射输出量相关的技术要求

4.2.1 累积辐射输出量的重复性

照射野内有用线束累积空气比释动能的重复性应不大于5%（X射线管电压≤150kV）和3%（X射线管电压>150kV）。

4.2.2 累积辐射输出量的线性

照射野内有用线束累积空气比释动能的非线性应不大于5%。

4.3 治疗机控制台

控制台应具有下列安全控制设备。

(1) 主电源锁。

(2) 预置的照射条件的确认设备。

(3) 在确认照射条件无误后启动照射的设备。

(4) 在紧急情况下中断照射的设备。

(5) 辐射安全与联锁装置（详见第4.5条）。

4.4 计时器和剂量监测仪

治疗机的计时器和剂量监测仪，应能防止自动终止照射的意外故障，其要求如下。

(1) 当治疗机同时设有计时器（两台）或剂量监测仪（两台）时，必须以并列或主/次组合方式配置。其中每一台必须能够独立终止照射。

(2) 当达到预置值时，并列组合的两套系统或主/次组合的主系统必须终止照射。因主次组合的主系统故障未终止照射并超过了预置值的10%，或计时器超过0.1min，或剂量监测仪在相应标称距离处的吸收剂量超过0.1Gy时，次级系统必须立即终止照射。

4.5 辐射安全与联锁要求

4.5.1 治疗机必须具有安全设备，当出现第4.5.2～4.5.5条中任何一项错误或故障时，能中断照射，并有相应故障显示。

4.5.2 对X射线源组件移动设备故障的保护

治疗机照射时，X射线源组件相对患者的移动设备在执行预置的移动指令过程中，受到卡、阻或发生其他移动故障时，应由保护设备强制自动中断照射。

4.5.3 防止X射线管通电时误照射

此项设备可以是辐射吸收部件（如快门），其工作应当如下。

(1) 若吸收部件工作不正常，不可能使X射线管通电。

(2) 当X射线管通电时，吸收部件出现故障应导致X射线管断电。

(3) 当辐射束停止发射时，吸收部件应工作到位。

4.5.4 防止组合照射条件误置时误照射

组合照射条件包括X射线管电压、X射线管电流、固定与附加过滤、限束器（可调限束器或集光筒），以及X射线源组件移动设备等与病人治疗相关的诸照射条件的组合。

控制台设置的组合照射条件有下列情况之一时，治疗机不能输出辐射。

(1) 没有按治疗计划预置。

(2) 预置超过了设备的性能指标。

(3) 预置条件不正确（如过滤器、限束器安放位置不当或安放方向错误）。

(4) 当组合照射条件能够在治疗室内和治疗室外的控制台设置时，控制台的设置与机旁的设置不一致。

(5) 预置未经控制台确认检验。

4.5.5 防止人员误入治疗室

治疗室的防护门必须与治疗机的工作状态联锁，只有关闭治疗室门时才能照射；在治疗机照射状态下意外开启防护门则中断照射。应当采取预防措施，防止照射中意外开启防护门，且此时在控制台应有相应显示。

4.6 辐射束发射的启动与中止

(1) 正常情况下，必须按顺序设置第4.5.4条所述的组合条件，并经控制台确认验证设置无误时，由“启动”键启动照射。在完成预置的照射后自动终止照射。

(2) 正常情况下，再次发射辐射束，必须按上述步骤重新设置与操作。

(3) 在异常情况下，由第4.5条的安全设备中断照射。此时，必须在排除故障并在控制台“复原”后才可由“启动”键启动照射，继续完成原预置的照射；或者在重新设置后才能再次启动照射。

4.7 手持治疗机的特殊要求

(1) 治疗机的X射线管标称电压不得大于50kV。

(2) X射线管组件除手持外还应有其他的固定方法。

(3) 只能由手持X射线管组件的工作人员控制X射线管的通电。

(4) 必须具有表征X射线管通电的声响和灯光警告信号。

(5) 治疗机必须配备个人防护用帽子、手套和围裙，其对X射线的衰减不小于0.25mm铅当量，并在随机文件中给出提醒操作者使用这些防护用品的要求。

4.8 部件规格标识和随机文件

4.8.1 部件规格标识

治疗机及其部件必须具有牢固、清晰易认的下列标识。

(1) 在X射线源组件表面，标识出焦点的位置和固定过滤的材料与厚度。

(2) 可卸附加过滤器的材料、厚度、插入方向标记及插入后的工作状态指示。

(3) 治疗束集光筒远端出口照射野的标称尺寸和焦点到远端的距离。

(4) 可调限束器照射野的尺寸和标称焦皮距的指示。

(5) 防护设备辅件对X射线衰减的当量厚度或衰减因子。

4.8.2 随机文件

治疗机的随机文件必须符合 GB 9706.10 的要求。

4.9 照射野及其他

照射野及其他应符合 GB 9706.12 中可适用的辐射防护通用要求。

5 治疗室的防护要求

5.1 治疗室的设置必须充分考虑周围地区与人员的安全，一般可以设在建筑物底层的一端。50kV 以上治疗机的治疗室必须与控制室分开。治疗室一般应不小于 $24m^2$。室内不得放置与治疗无关的杂物。

5.2 治疗室有用线束照射方向的墙壁按主射线屏蔽要求设计，其余方向的建筑物按漏射线及散射线屏蔽要求设计。

5.3 治疗室必须有观察治疗的设备（如工业电视或观察窗）。观察窗应设置在非有用线束方向的墙上，并具有同侧墙的屏蔽效果。

5.4 治疗室内的适宜位置，应装设供紧急情况使用的强制中止辐照的设备。

5.5 治疗室门的设置应避开有用线束的照射。无迷道的治疗室门必须与同侧墙具有等同的屏蔽效果。

5.6 治疗室内门旁应有可供应急开启治疗室门的部件。

5.7 治疗室门必须安装第 4.5.5 条联锁设备，门外近处应有醒目的照射状态指示灯和电离辐射警告标志。

5.8 治疗室要保持良好的通风。电缆、管道等穿过治疗室墙面的孔道应避开有用线束及人员经常驻留的控制台，并采用弧状孔、曲路或地沟。

6 实施放射治疗的防护要求

6.1 放射治疗的正当性要求

放射治疗必须建立处方管理制度，只有具有资格的处方医师才可申请 X 射线治疗。处方医师必须根据病人状况进行 X 射线治疗的正当性分析与判断，避免不正当的 X 射线治疗。

6.2 优化治疗计划

6.2.1 在对计划照射的靶体积施以所需要的剂量的同时，应使正常组织在放射治疗期间所受到的照射保持在可合理达到的尽量低的水平。

6.2.2 优化治疗计划应当包括：分析病人已进行过的放射与非放射治疗；按照病灶条件拟定单照射野或叠加照射野及每个照射野给予病灶组织的剂量；治疗照射条件的选取；采取屏蔽及合理计划照射的措施保护患者的正常组织与重要器官。

6.3 防护安全操作要求

（1）操作者必须熟练掌握并严格执行操作规程。重要的安全操作内容必须在治疗机控制室醒目悬挂。

（2）放射治疗操作者必须佩戴个人剂量计。治疗过程中，操作者必须始终监视着控制台和患者，并及时排除意外情况。

（3）操作者不得擅自拆除辐射安全与联锁设备。当维修需要时，必须经过负责人员同意，并在控制台醒目告示治疗机正在维修。维修后及时恢复安全与联锁设备，检验其控制功能正常，并经负责人员确认后才可进行放射治疗照射。

（4）50kV 以上治疗机照射时，除患者外，治疗室内不应有其他人员滞留。

（5）使用 50kV 以下手持治疗机时，操作者必须穿戴防护手套和不小于 0.25mm 铅当量的围裙，并尽可能远离治疗机的 X 射线管组件。

6.4　质量保证的一般要求

6.4.1　放射治疗应配备相应的治疗医师、物理师、技术员等有资格的人员。

6.4.2　放射治疗应建立质量保证管理组织和制定质量保证大纲，建立对实施治疗计划的核查制度，完好地保存治疗记录。

6.4.3　放射治疗必须经常、定期核查治疗机的辐射输出量，保障患者靶区组织所接受的吸收剂量与处方剂量之间的偏差不大于 5%。

6.5　治疗机质量控制检测要求

6.5.1　每日放射治疗前，应检验照射的启动、终止及其相应的照射状态显示以及治疗室门联锁。

6.5.2　治疗单位每周应对治疗机组合照射条件（第 4.5.4 条）和紧急中断照射设备［第 4.3（4）和 5.4 条］进行实验检查；用放射治疗剂量测量仪检验辐射输出量。

6.5.3　治疗机生产厂的型式试验和管理部门对定型产品的检验按 GB 9706.10 和本标准的全部要求进行检验。

6.5.4　用户验收检验和管理部门对使用中的治疗机的年度检验除进行第 6.5.1 和 6.5.2 条检验外，应对辐射输出量的重复性、线性和治疗机的泄漏辐射（每两年一次）进行检验。检验方法见第 7 条。此外，对第 4.5.2 和第 4.5.3 条安全联锁应进行模拟实验核查。

6.5.5　治疗机更换 X 射线管或其他大修后，维修部门、用户和管理部门应对影响到的治疗机性能指标进行相应的检验。

7　检验方法

7.1　治疗机泄漏辐射检验

7.1.1　检测条件与要求

（1）必须在随机文件给定的治疗机性能指标范围内能导致最大泄漏辐射的条件下（即额定 X 射线管电压和相应的最大管电流）进行检测。检测结果扣除预先测定的本底值，并按国家法定计量检定部门定期校准的系数校正为以“mGy/h”为单位的空气比释动能率。

（2）检测仪表的能量响应和测读范围应能满足相应测量的要求。仪表的基本误差应小于 15%，检测的扩展不确定度应小于 30%。

（3）距 X 射线管焦点 1m 位置上的检测，必须在与 X 射线束中心轴垂直的测量平面上长轴线度不大于 20cm 的 $100cm^2$ 面积上取平均值。

（4）在第 4.1 条中，距相应边界 20mm 和 50mm 的检测，必须在与 X 射线束中心轴垂直的测量平面上长轴线度不大于 4cm 的 $10cm^2$ 面积上取平均值。在检测仪表实际达不到所要求的位置时，可以在尽可能接近所要求的距离上进行检测，并将其作为所要求位置的结果。

7.1.2　治疗状态下X射线源组件的泄漏辐射

(1) X射线管套的辐射束出口必须严密覆盖屏蔽体，其厚度应对有用线束轴上的空气比释动能率具有不少于10^6的衰减，其几何尺寸不得超过辐射束边界外5mm。

(2) 检测点应当包括：以X射线管焦点为中心，有用线束中心轴、X射线管长轴、与此二轴垂直的轴组成三维坐标体系，每两条轴线之间的夹角为0°、45°、90°、135°、180°、225°、270°、315°的方向上，相应第4.1.1条中附表2-1规定的位置。

(3) 照射条件同第7.1.1 (1) 条。检测可以采用直接剂量率测读或由计时累积剂量计算。直接测读应使用可在远距离测读的剂量率仪表。累积剂量可以使用热释光剂量计或积分剂量计。

(4) 评价标准：见第4.1.1条中附表2-1。

7.1.3　非治疗状态下X射线源组件的泄漏辐射和非有用辐射

(1) 治疗机在第7.1.1 (1) 条的条件下照射，在终止照射后迅速在第4.1.2条规定的位置以空气比释动能巡测仪表直接测读。

(2) 评价标准：见第4.1.2条。

7.1.4　可卸式限束器的泄漏辐射

(1) 对与治疗机配套的所有可卸式限束器逐一检验。

(2) 对可调限束器，测量应在照射野各规定的调节位置上进行。

(3) 卸下限束器远端的透辐射曲面端盖，并将限束器直接接到X射线管组件上。

(4) 在与第7.1.1 (1) 条相应并具有规定的最大衰减过滤的照射条件下检测。

(5) 在限束器远端出口处照射野几何中心位置，测量空气比释动能率。测量方法同第7.1.2 (3) 条。

(6) 以对有用线束中心轴上的空气比释动能率具有不少于10^4衰减的平整铅板严密覆盖限束器出口。铅板的形状与出口处照射野的形状相同，几何尺寸符合第4.1.3条附表2的要求。

(7) 在第4.1.3条附表2要求的铅板的外侧平面上，距铅板边缘20mm处，以热释光剂量计检测限束器的泄漏辐射，计算检测点的泄漏辐射空气比释动能率。对于圆形限束器均匀选取八个检测点。对于矩形限束器，沿每条边选取相应边线长度1/4、1/2、3/4位置的三个检测点。

(8) 计算本条 (7) 与 (5) 的比值，按第4.1.3条附表2-2评价。

7.1.5　除X射线源组件外其余部件的辐射

(1) 其余部件通常指高压发生器。

(2) 照射条件同第7.1.1 (1) 条。以空气比释动能率巡测仪在第4.1.4条要求的位置直接扫描测量。

(3) 评价标准见第4.1.4条。

7.2　累积辐射输出量的重复性、线性检验

7.2.1 检测条件与要求

（1）通用实验条件同 GB 9706.10 第 50.101 条。

（2）检验用的电离室剂量计应符合工作级剂量计的要求。

（3）所有的检测结果都必须扣除预先测读的本底值。除相对测量而外，检测结果都必须按检测时刻电离室所在位置的环境温度与大气压强校正至标准条件（20℃，101.3kPa），并按国家法定计量检定部门定期刻度的系数转换为相应“SI”单位的量值。测定的不确定度应小于3%。

7.2.2 生产厂型式试验

检验方法与评价同 GB 9706.10—1997 第 50.2 条和第 50.101～50.104 条。

7.2.3 其他验收检验和状态检验

在电源电压为 220V 的 99%～101%和最常用的限束器及总过滤（固有过滤与附加过滤的总和）的条件下，按下述方法检验累积辐射输出的重复性和线性。

（1）在额定 X 射线管电压条件下测量累积照射达到 0.2 满度值的读数。重复测量十次。计算前五次测读的平均值 $\bar{k}_1$ 和十次测读值 K_{1j} 的平均值 K_{10} 及其相对标准偏差 C_v

$$C_v = \frac{1}{K_{10}}\left[\sum_{j=1}^{10}\frac{(K_{1j}-K_{10})^2}{9}\right]^{\frac{1}{2}} \quad \cdots\cdots (1)$$

（2）额定 X 射线管电压条件下，测量累积照射达到 0.05 满度值的读数，重复测读五次，计算平均值 $\overline{K}_2$。

（3）在 X 射线管电压为“较低值”（即 50%额定值或规定的最低值，取二者中较高的）时，测量累积照射达到 0.05 满度值和 0.2 满度值的读数。重复测读五次，计算平均值 $\overline{K}_3$ 和 $\overline{K}_4$。

（4）计算上述测读均值 $\overline{K}_i$ 与预置值 Q_i 的比值 M_i：

$$M_i = \frac{\overline{K}_i}{Q_i} \quad \cdots\cdots (2)$$

（5）累积辐射输出重复性实验的评价标准为相对标准偏差 C_v 不超过：

0.03——对于额定 X 射线管电压大于 150kV 的治疗机；

0.05——对于额定 X 射线管电压不大于 150kV 的治疗机。

（6）累积辐射输出线性检验的评价标准：

$|M_1-M_2| \leqslant 0.025|M_1+M_2|$ 且 $|M_3-M_4| \leqslant 0.025|M_3+M_4|$

附录三 医院专用电子设备一览

1. 医用电子仪器：如心电图、脑电图、肌电图、监护仪器、起搏器等。
2. 光学仪器及窥镜：如验光灯、裂隙灯、手术纤维镜、内窥镜等。
3. 医用超声仪器：如 B 超、UCT、超声净化设备等。
4. 激光仪器设备：如激光诊断仪、激光治疗机、激光检测仪等。

5. 医用高频仪器设备：高频手术、高频电凝、高频电灼设备等。

6. 物理治疗及体外设备：如电疗、光疗、体疗、水疗、蜡疗、热疗等。

7. 医用磁共振设备：如永磁型、常导型等。

8. 医用X线设备：如普通X光线机、CT、造影机、数字减影机、X光刀等。

9. 高能射线设备：如直线、感应、回旋、正电子加速器等。

10. 医用核素设备：核素扫描仪、SPECT、钴60机等。

11. 生化分析仪：如电泳仪、色谱仪、自动生化分析仪等。

12. 化验设备：如血氧分析仪、蛋白测定仪、肌肝测定仪、酶标仪等。

13. 体外循环设备：如人工心肺机、透析机等。

14. 手术急救设备：如手术台、麻醉机、呼吸机、吸引器等。

15. 口腔设备：如牙钻、牙科椅等。

16. 病房护理设备：如病床、推车、通信设备、供氧设备等。

17. 消毒设备：如各类消毒器、洗刷机、冲洗机等。

附录四　心电监护使用中易忽略的问题

随着ICU科的全面组建，抢救仪器的广泛应用，心电监护仪以其不可替代的优越性越来越受到ICU监护人员的喜爱，并成为工作中不可替代的一部分。但在其使用中有一些细微方面容易被护理人员忽视，造成不必要的麻烦。

1　血压监测中易忽略的方面

1.1　袖带应多备，数量充足，型号齐全且消毒备用，并做到专人专用。即使仪器不足，相邻床位之间共用一台监护仪，袖带也需固定应用，测量时更换袖带接头部分即可。这样操作，可有效避免交叉感染，且防止由此给患者及其亲属造成的心理上不适。

1.2　连续监测的患者，必须做到每班放松1～2次。病情允许时，最好间隔6～8h更换监测部位一次。防止连续监测同一部位，给患者造成不必要的皮肤损伤。

1.3　连续使用三天以上的病人，注意袖带的及时更换、清洁与消毒，这样既可防止异味又能增加舒适度。

1.4　袖带尼龙扣松懈时，应及时更换、补修，以防增加误差。

1.5　成人、儿童测量时，注意袖带、压力值的选择调节，避免混淆。

1.6　病人在躁动、肢体痉挛时所测值有很大误差，切勿过频测量。严重休克、心率小于40次/分或大于200次/分时，所测结果需与人工测量结果相比较，并结合临床观察。

2　血氧饱和度、心率测量中易忽略的方面

2.1　尽可能专人专用，每班用75%酒精棉球消毒一次；每1～2h更换一次部位；防止指（趾）端血液循环障碍引起的青紫、红肿现象发生。尽量测量指端，病情不允许时才测趾端。血压监测与探头最好不在同一侧肢体为佳，否则互有影响。

2.2　注意爱护探头，可用胶布固定，以免碰撞、脱落、损坏，造成不必要的

浪费。

3　体温监测中易忽略的方面

3.1　肛温探头应用时病人颇感不适，非必需时可用水银体温计。

3.2　不用时，与监护仪应及时分离，并严格清洁消毒。

4　心电导联监测中易忽略的方面

4.1　电极片长期应用易脱落，影响准确性及监测质量，故应3～4d更换一次，并注意皮肤的清洁、消毒。

4.2　监护中发现严重异常时，最好请专业心电图室人员复查、诊断，以提高诊断准确率。

附录五　万用表的检测

在电学实验与实训中，万用表是最常用的仪表之一，因此快捷、方便地检测万用表是值得实验教师重视的一个问题。为叙述方便，下面将以MF-368型指针式万用表为例，说明检测方法。

1　准备工作

准备一块性能好、新装电池的万用表作为检测表（下面称其为①表），要求其电阻各挡精度必须准确；查阅说明书，找出该表电阻各倍率挡的内置电源电压参数、能向外提供的电流值、直流电压挡及交流电压挡的内阻参数，如MF-368型表各项参数见附表5-1和附表5-2。

附表5-1　电阻挡参数

电阻倍率挡	Ω×1	Ω×10	Ω×100	Ω×1k	Ω×10k
电流值	150mA	15mA	1.5mA	150μA	60μA
电源电压	3V				3V+9V

附表5-2　直流、交流电压挡内阻参数

量程挡	0.5～250V DC	AC和500～1500V DC
内阻	20kΩ/V	9kΩ/V

2　电压挡检测原理及方法

2.1　检测原理

由附表5-1可知，①表电阻各挡均有内置电源电压，即它可向外提供电压，当把待检测万用表（以下称其为②表）的功能转换开关拨到电压挡且与①表并接时，若②表指针摆动到正确位置，说明②表能测量电压，可正常工作；或①表指针摆动到正确位置，也可说明②表电压挡内阻值精确，可正常工作。

2.2　DCV挡检测方法及正确结果

把①与②表的红、黑表笔反向对接，即①表红表笔→②表黑表笔，①表黑表笔→②表红表笔。各挡测量结果见附表5-3，但检测时还有两个注意事项。

第一，在检测②表的0.5V与2.5V挡时，应用点测量法，即将两块表各一只表笔接触，而另两只表笔仅碰接的同时，眼睛观察万用表指针变化。

附表 5-3　DCV 挡测量正确结果

②表被检测直流电压挡	①表所用电阻倍率挡	②表显示电压值	①表所测内阻值
0.5V	Ω×1k	迅速超过满偏值	无法读数
2.5V	Ω×100	缓慢超过满偏值	不读数
	Ω×1k	2.3V 左右	50kΩ
10V	Ω×1k	3V	200kΩ
50V	Ω×10k	12V	1MΩ
250V	Ω×10k	12V	5MΩ
500V	Ω×10k	12V	4.5MΩ
1500V	Ω×10k	12V 左右	13.5MΩ 左右

第二，测②表 1500V 挡时，其红表笔从“+”孔改插到“1500V”孔中。

2.3　ACV 挡检测方法及检测结果

两块表连接方法及注意事项同上。但因①表提供的是直流电压量，而②表待测的是交流电压挡，故不能从②表读出准确的电压值，只能观测其偏转量。各挡检测结果见附表 5-4。

附表 5-4　交流电压挡检测结果

②表被检测交流电压挡	①表所用电阻倍率挡	②表电压偏转量	①表所测内阻值
2.5V	Ω×1k	迅速超过满偏	22.5kΩ
10V	Ω×1k	有较大偏转	90kΩ
50V	Ω×10k	有偏转	450kΩ
250V	Ω×10k	较少偏转	2.25MΩ
500V	Ω×10k	有少许偏转	4.5MΩ
1500V	Ω×10k	有一丁点偏转	13.5MΩ

3　直流电流挡检测原理及方法

3.1　检测原理

由附表 5-1 可知，万用表电阻各挡与外电路串接时，均能向外提供固定的直流电流，因此，当把②表功能转换开关拨到电流挡并与①表串接起来时，从②表的电流读数即可判断该万用表是否能正常工作。

3.2　检测方法及正确结果

两块表的红、黑表笔颜色反向连接，但需注意测②表 50μA 挡时应用点测法；测②表的 2.5A 挡时，②表红表笔从“+”孔改接到“DC2.5A”孔中。各挡测量正确结果见附表 5-5。

附表 5-5　直流电流挡测量正确结果

②表被检测直流电流挡	①表所用电阻倍率挡	②表显示电流值
50μA	Ω×10k	迅速超过满偏值
2.5mA	Ω×100	1.5mA
25mA	Ω×10	15mA
0.25A	Ω×1	150mA
2.5A	Ω×1	150mA

这种万用表互相检测的方法，避免了将万用表通电检查的麻烦，可大大提高工作效率。而且此法可推广到其他型号的指针式万用表上，非常方便，读者不妨一试。

参 考 文 献

[1] 邓木生．电子技能实训指导书．北京：中国铁道出版社，2008．
[2] 胡宴如．模拟电子技术．北京：高等教育出版社，2004．
[3] 李世英，易法刚．电子实训基本功．北京：人民邮电出版社，2006．
[4] 孙蓓，张志义．电子工艺实训基础．北京：化学工业出版社，2007．
[5] 王天曦，李鸿儒．电子技术工艺基础．北京：清华大学出版社，2000．
[6] 中华人民共和国卫生部．医用 X 射线治疗卫生防护标准．中华人民共和国国家职业卫生标准，2002．
[7] 邹任玲，胡秀枋．医用电气安全工程．南京：东南大学出版社，2008．